工程量清单计价造价员培训教程

装饰装修工程

（第二版）

工程造价员网　张国栋　主编

中国建筑工业出版社

图书在版编目（CIP）数据

装饰装修工程/张国栋主编. —2版. —北京：中国建筑工业出
版社，2016.5
工程量清单计价造价员培训教程
ISBN 978-7-112-19298-4

Ⅰ.①装… Ⅱ.①张… Ⅲ.①建筑装饰-工程造价-技术培训-
教材 Ⅳ.①TU723.3

中国版本图书馆 CIP 数据核字(2016)第 060889 号

本书将住房和城乡建设部新颁《建设工程工程量清单计价规范》GB 50500—2013、《房屋建筑
与装饰工程工程量清单计算规范》GB 50854—2013 与《全国统一建筑工程基础定额》GJD-101-95
有效地结合起来，以便帮助读者更好地掌握新规范，巩固旧知识。编写时力求深入浅出、通俗易
懂，加强其实用性，在阐述基础知识、基本原理的基础上，以应用为重点，做到理论联系实际，
深入浅出地列举了大量实例，突出了定额的应用、概（预）算编制及清单的使用等重点。本书可
供工程造价、工程管理及高等专科学校、高等职业技术学校和中等专业技术学校建筑工程专业、
工业与民用建筑专业与土建类其他专业作教学用书，也可供建筑工程技术人员及从事有关经济管
理的工作人员参考。

责任编辑：周世明
责任校对：陈晶晶　刘梦然

工程量清单计价造价员培训教程
装饰装修工程
（第二版）
工程造价员网　张国栋　主编
*
中国建筑工业出版社出版、发行（北京西郊百万庄）
各地新华书店、建筑书店经销
北京红光制版公司制版
北京云浩印刷有限责任公司印刷
*
开本：787×1092 毫米　1/16　印张：13　字数：312 千字
2016 年 5 月第二版　2016 年 5 月第三次印刷
定价：**32.00** 元
ISBN 978-7-112-19298-4
(28561)

编 委 会

主　　编　工程造价员网　张国栋

参　　编　赵小云　郭芳芳　洪　岩　马　波

　　　　　陈瑞瑞　刘　瀚　张梦婷　侯佳音

　　　　　李云云　冯艳峡　王利娜　程栋梁

　　　　　殷明明　杜玲玲　安　飞　齐欣欣

　　　　　吕亚鹏　唐磊磊　马　悦

第 二 版 前 言

工程量清单计价造价员培训教程系列共有6本书，分别为工程量清单计价基本知识、建筑工程、装饰装修工程、安装工程、市政工程、园林绿化工程。第一版于2004年面世，书中采用的规范为《建设工程工程量清单计价规范》GB 50500—2003和各专业对应的全国定额。在2004~2014年期间，住房和城乡建设部分别对清单规范进行了两次修订，即2008年和2013年各一次，目前最新的为2013版本，2013版清单计价规范相对之前的规范做了很大的改动，将不同的专业采用不同的分册单独列出来，而且新的规范增加了原来规范上没有的诸如城市轨道交通等内容。

作者在第一版书籍面世之后始终没有停止对该系列书的修订，第二版是在第一版的基础上修订，第二版保留了第一版的优点，并对书中有缺陷的地方进行了修正补充，特别是在2013版清单计价规范颁布实施之后，作者更是投入了大量的时间和精力，从基本知识到实例解析，逐步深入，结合规范和定额逐一进行了修订。与第一版相比，第二版的主要修订情况如下：

1. 首先将原书中的内容进行了系统的划分，使本书结构更清晰，层次更明了。

2. 更改了第一版书中原先遗留的问题，将多年来读者来信、邮件或电话反馈的问题进行汇总，并集中进行了处理。

3. 将书中比较老旧过时的一些专业名词、术语介绍、计算规则做了相应的改动，并补充了一些新规范上新增添的术语之类的介绍。

4. 将书中的清单计价规范涉及的内容用最新的2013版清单计价规范进行更新。

5. 将书中的实例计算过程对应的添加了注释解说，方便读者查阅和探究对计算过程中的数据来源分析。

6. 将实例中涉及的投标报价相关的表格填写更换为最新模式下的表格，以迎合当前造价行业的发展趋势。

完稿之后作者希望第二版，能为众多读者提供学习方便，同时也让刚入行的人员能通过这条捷径尽快掌握预算的要领并运用到实际当中。

本书在编写过程中，得到了许多同行的支持与帮助，在此表示感谢。由于编者水平有限和时间紧迫，书中难免有错误和不妥之处，望广大读者批评指正。如有疑问，请登录www.gczjy.com（工程造价员网）或 www.ysypx.com（预算员网）或 www.debzw.com（企业定额编制网）或 www.gclqd.com（工程量清单计价网），或发邮件至 zz6219@163.com 或 dlwhgs@tom.com 与编者联系。

目　　录

第一章　装饰工程制图及识图

第一节　装饰工程制图

一、投影原理

（一）投影的概念

在光线的照射下，人和物在地面或墙面上产生影子，早已为人们所熟知。人们经过长期的实践，将这些现象加以抽象分析研究和科学总结，从中找出影子和物体之间的关系，用以指导工程实践。这种用光线照射形体，在预先设置的平面上产生影像的方法，称之为投影法。光源称为投影中心，从光源射出的光线称为投射线，预设的平面称为投影面，形体在预设的平面上的影像，称为形体在投影面上的投影。投影中心、投射线、空间形体、投影面以及它们所在的空间称为投影体系，如图 1-1-1 所示。

（二）投影的分类和工程图的种类

根据投影中心与投影面之间距离的不同，投影法分为中心投影法和平行投影法两大类；如图 1-1-2 所示。

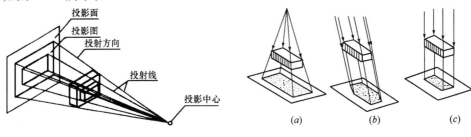

图 1-1-1　投影图的形成　　　　图 1-1-2　投影法
（a）中心投影；（b）斜投影；（c）正投影

1. 中心投影法

当投影中心距离投影面有限远时，所有的投射线都经过投影中心（即光源），这种投影法称为中心投影法，所得的投影称为中心投影。中心投影常用于绘制透视图，在表达室外或室内装饰效果时常用这种图样来表示。如图 1-1-2（a）所示。

2. 平行投影法

当投影中心距离投影面为无限远时，所有的投射线都相互平行，这种投影法称为平行投影法，所得的投影称为平行投影。根据投射线与投影面的关系，平行投影又分为正投影和斜投影两种。斜投影主要用来绘制轴测图，这种图样具有立体感（图 1-1-2b）；正投影（也称直角投影）（图 1-1-2c）在工程上应用最广，主要用来绘制各种工程图样；其中标高投影是一种单面正投影图，用来表达地面的形状。假想用间隔相等的水平面截割地形面，其交线即为等高线，将不同高程的等高线投影在水平的投影面上，并标出各等高线的高程数字，即得标高投影图。

（三）正投影及正投影规律

《房屋建筑制图统一标准》图样画法中规定了投影法：房屋建筑的视图，应按正投影法并用第一角画法绘制。建筑制图中的视图就是画法几何中的投影图。它相当于人们站在离投影面无限远处，正对投影面观看形体的结果。也就是说在投影体系中，把光源换成人的眼睛，把光线换成视线，直接用眼睛观看的形体形状与在投影面上投影的结果相同。

采用正投影法进行投影所得的图样，称为正投影图，如图 1-1-3 所示，正投影图的形成及其投影规律如下：

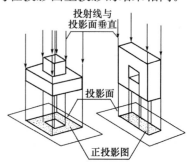

图 1-1-3　正投影图

1. 三面正投影图的形成

（1）单面投影

台阶在 H 面的投影（H 投影）仅反映台阶的长度和宽度，不能反映台阶的高度。我们还可以想象出不同于台阶的其他形体的投影，它们的 H 投影都与台阶的 H 投影相同。因此，单面投影不足以确定形体的空间形状和大小。

（2）两面投影

在空间建立两个相垂直的投影面，即正立投影面和水平投影面，其交线称为投影轴。将三棱体（两坡屋顶模型）放置于 H 面之上，V 面之前，使该形体的底面平行于 H 面，按正投影法从上向下投影，在 H 面上得到水平投影，即形体上表面的形状，它反映出形体的长度和高度。若将形体在 V 和 H 两面的投影综合起来分析、思考，即可得到三棱体长、宽、高三个方向的形状和大小。

（3）正面投影

有时仅凭两面投影，也不足以唯一确定形体的形状和大小。为了确切地表达形体的形状特征，可在 V、H 面的基础上再增设一右侧立面（W 面），于是 V、H、W 三个垂直的投影面，构成了第一角三投影面体系，三根坐标轴互相垂直，其交点称为原点，如图 1-1-4 和图 1-1-5 所示。

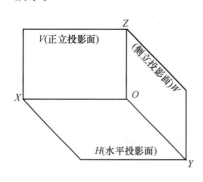

图 1-1-4　三投影面的建立

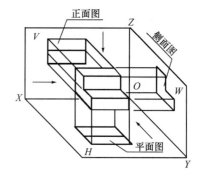

图 1-1-5　投影图的形成

2. 三面正投影规律及尺寸关系

每个投影图（即视图）表示形体一个方向的形状和两个方向的尺寸。V 投影图（即主视图）表示从形体前方向后看的形状和长与高方向的尺寸；H 投影图（即俯视图）表示从形体上方向下俯视的形状和长与宽方向的尺寸；W 投影图（即左视图）表示从形体左方向右看的形状和宽与高方向的尺寸。因此，V、H 投影反映形体的长度，这两个投影左右对齐，这种关系称为"长对正"，V、W 投影反映形体的高度、这两个投影上下对齐，这种关系称为"高平齐"，H、W 投影反映形体的宽度，这种关系称为"宽相等"。"长对正、高平齐、宽相等"是正投影图重要的对应关系及投影规律，如图 1-1-6 所示。

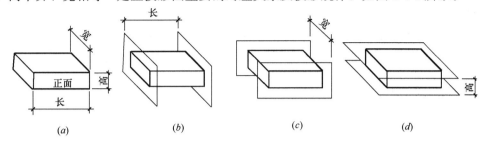

图 1-1-6　形体的长、宽、高

3. 三面正投影图与形体的方位关系

在投影图上能反映出形体的投影方向及位置关系，V 投影反映形体的上下和左右关系，H 投影反映形体的左右和前后关系，W 投影反映形体的上下和前后关系。

（四）建筑形体的基本视图和镜像投影法

1. 基本视图

在原有三面投影体系 V、H、W 的基础上，再增加三个新的投影面 V_1、H_1、W_1 可得到六面投影体系，形体在此体系中向各投影面作正投影时，所得到的六个投影图即称为六个基本视图。投影后，规定正面不动，把其他投影面展开到与正面成同一平面（图纸），如图 1-1-7 所示，展开以后，六个基本视图的排列关系如在同一张图纸内则不用标注视图的名称。按其投影方向，六个基本视图的名称分别规定为：主视图、俯视图、左视图、右视图、仰视图、后视图。

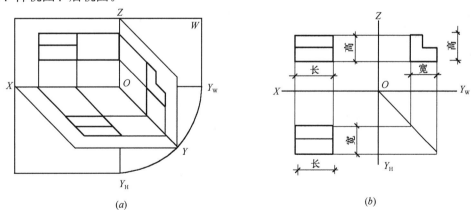

图 1-1-7　投影面展开
（a）展开；（b）投影图

在建筑制图中，对视图图名也作出了规定：由前向后观看形体在 V 面上得到的图形，称为正立面图；由上向下观看形体在 H 面上得到的图形，称为平面图；由左向右观看形

3

体在 W 面上得到的图形，称为左侧立面图；由下向上观看形体在 H_1 面上得到的图形，称为底面图；由后向前观看形体在 V_1 面上得到的图形，称为背立面图；由右向左观看形体在 W_1 面上得到的图形，称为右侧立面图，这六个基本视图如在同一张图纸上绘制时，各视图的位置宜按顺序进行配置，并且每个视图一般均应标注图名。图名宜标注在视图下方或一侧，并在图名下用粗实线绘制一条横线，其长度应以图名所占长度为准。

制图标准中规定了六个基本视图，不等于任何形体都要用六个基本视图来表达；相反，在考虑到看图方便，并能完整、清晰地表达形体各部分形状的前提下，视图的数量应尽可能减少。六个基本视图间仍然应满足与保持"长对正、高平齐、宽相等"的投影规律。

2. 镜像投影法

当视图用第一角画法绘制不易表达时，可用镜像投影法绘制，但应在图名后注写"镜像"二字，或画出镜像投影识别符号。

镜像投影即是假设将玻璃镜面置于物体下面以取代水平投影面，在玻璃镜面中得到物体的平面图像，称为镜像投影图。镜像多用于物体底面的实线绘图，尤其用于建筑顶棚的装修平面图。当采用正投影原理绘制室内天花吊顶平面图时，吊顶图像均为虚线，不利于看图施工；而采用所谓仰视图画法，则吊顶图像的方向与现场实际情况相反，容易造成误会。故宜采用镜像画法。

二、剖面图、截面图

(一) 剖面图

1. 剖面图的概念

在画形体投影图时，形体上不可见的轮廓线在投影图上需用虚线画出。这样，对于内部形状复杂的形体，例如一幢房屋，内部有各种房间、走廊、楼梯、门窗、基础等，如果用虚线来表示这些看不见的部分，必然形成图面虚实线交错，混淆不清，既不利于标注尺寸，也不容易进行读图。为了解决这个问题，可以假想地将形体剖开，让它的内部构造显露出来，使形体的不可见部分变为可见部分，从而可用实线表示其形状。

用一个假想的剖切平面将形体剖切开，移去观察者和剖切平面之间的部分，作出剩余部分的正投影，叫做剖面图。

2. 剖面图的画法

(1) 确定剖切平面的位置和数量。画剖面图时，应选择适当的剖切平面位置，使剖切后画出的图形能确切、全面地反映所要表达部分的真实形状。当剖切平面平行于投影面时，其被剖切的面在投影面上的投影反映实形。所以，选择的剖切平面应平行于投影面，并且通过形体的对称面或孔的轴线。

一个形体，有时需画几个剖面图，但应根据形体的复杂程度而定，一般较简单的形体可不画或少画剖面图，而较复杂的形体则应多画几个剖面图来反映其内部的复杂形状。

(2) 画剖面图。剖面图虽然是按剖切位置，移去物体在剖切平面和观察者之间的部分，根据留下的部分画出的投影图，但剖切是假想的，因此画其他投影图时，仍应完整地画出，不受剖切的影响。

(3) 画材料图例。为区分形体的空腔和实体，剖切平面与物体接触部分应画出材料图例，同时表明建筑物是用什么材料建成的。见表 1-1-1。此表引自《房屋建筑室内装饰装修制图标准》JGJ/T 244—2011。

如未注明该形体的材料，应在相应位置画出同向、同间距并与水平线成45°角的细实线，也叫剖面线。画剖面线时，同一形体在各个剖面图中剖面线的倾斜方向和间距要一致。

（4）省略不必要的虚线。

为了使图形更加清晰，剖视图中应省略不必要的虚线。

常用房屋建筑室内装饰装修材料图例　　　　　　　　　　　　　　　　　　表 1-1-1

序号	名称	图例	备注	序号	名称	图例	备注
1	夯实土壤		—	11	多孔材料		包括水泥珍珠岩、沥青珍珠岩、泡沫混凝土、非承重加气混凝土、软木、蛭石制品等
2	砂砾石、碎砖三合土		—				
3	石材		注明厚度	12	纤维材料		包括矿棉、岩棉、玻璃棉、麻丝、木丝板、纤维板等
4	毛石		必要时注明石料块面大小及品种				
5	普通砖		包括实心砖、多孔砖、砌块等。断面较窄不易绘出图例线时，可涂黑，并在备注中加注说明，画出该材料图例	13	泡沫塑料材料		包括聚苯乙烯、聚乙烯、聚氨酯等多孔聚合物类材料
6	轻质砌块砖		指非承重砖砌体	14	密度板		注明厚度
7	轻钢龙骨板材隔墙		注明材料品种	15	实木		表示垫木、木砖或木龙骨
8	饰面砖		包括铺地砖、墙面砖、陶瓷锦砖等				表示木材横断面
9	混凝土		1 指能承重的混凝土及钢筋混凝土 2 各种强度等级、骨料、添加剂的混凝土 3 在剖面图上画出钢筋时，不画图例线 4 断面图形小，不易画出图例线时，可涂黑				表示木材纵断面
10	钢筋混凝土			16	胶合板		注明厚度或层数
				17	多层板		注明厚度或层数

序号	名称	图例	备注	序号	名称	图例	备注
18	木工板		注明厚度	24	磨砂玻璃	(立面)	1 注明材质、厚度 2 本图例采用较均匀的点
19	石膏板		1 注明厚度 2 注明石膏板品种名称	25	夹层(夹绢、夹纸)玻璃	(立面)	注明材质、厚度
20	金属		1 包括各种金属,注明材料名称 2 图形小时,可涂黑	26	镜面	(立面)	注明材质、厚度
21	液体	(平面)	注明具体液体名称	27	橡胶		—
				28	塑料		包括各种软、硬塑料及有机玻璃等
22	玻璃砖		注明厚度	29	地毯		注明种类
23	普通玻璃	(立面)	注明材质、厚度	30	防水材料	(小尺度比例) (大尺度比例)	注明材质、厚度
				31	粉刷		本图例采用较稀的点
				32	窗帘	(立面)	箭头所示为开启方向

注：序号 1、3、5、6、10、11、16、17、20、23、25、27、28 图例中的斜线、短斜线、交叉斜线等均为 45°。

(5) 剖面图的标注。

剖面图本身不能反映剖切平面的位置,在其他投影图上必须标注出剖切平面的位置及剖切形式。剖切位置及投影方向用剖切符号表示,剖切符号由剖切位置线及剖视方向线组成。这两种线均用粗实线绘制。剖切位置线的长度一般为 6～16mm。剖视方向线应垂直于剖切位置线,长度为 4～6mm,剖切符合应尽量不穿越图画上的图线。为了区分同一形体上的几个剖面图，在剖切符号上应用阿拉伯数字加以编号，数字应写在剖视方向线的一边。在剖面图的下方应写上相应的编号，如 X-X 剖面图，如图 1-1-8 所示。

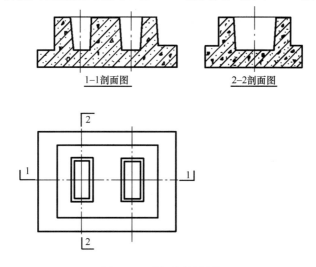

图 1-1-8　剖面图的标注

3. 画剖面图应注意的问题

（1）由于剖面图的剖切是假想的，所以除剖面图外，其他投影图仍应完整画出。

（2）当剖切平面通过肋、支撑板时，该部分按不剖绘制。如图 1-1-9 所示，正投影图改画剖面图时，肋部按不剖画出。

（3）剖切平面应避免与形体表面重合，不能避免时，重合表面按不剖画出，如图 1-1-10 所示。

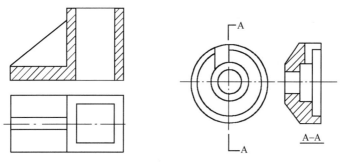

图 1-1-9　肋的表示法　　　图 1-1-10　剖切平面通过形体表面

4. 剖面图的种类及应用

由于形体的形状不同，对形体作剖面图时所剖切的位置和作用方法也不同，通常所采用的剖面图有：全剖面图、半剖面图、阶梯剖面图、局部剖面图和展开剖面图五种。

（1）全剖面图

不对称的建筑形体，或虽然对称但外形比较简单，或在另一个投影中已将它的外形表达清楚时，可假想用一个剖切平面将形体全部剖开，然后画出形体的剖面图，该剖面图称为全剖面图。如图 1-1-11 所示，该形体虽然对称，但比较简单，分别用正平面、侧平面和水平面剖切形体，得到 1-1 剖面图，2-2 剖面图和 3-3 剖面图。

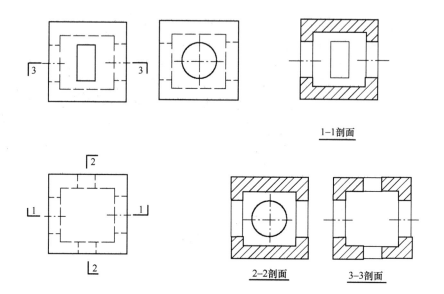

1-1剖面

2-2剖面　　　3-3剖面

图 1-1-11　全剖面图

再如图 1-1-12 所示，作建筑物的水平剖面图，图中（b）为直观剖切图，图中（a）为水平剖面图，上方为立面图。

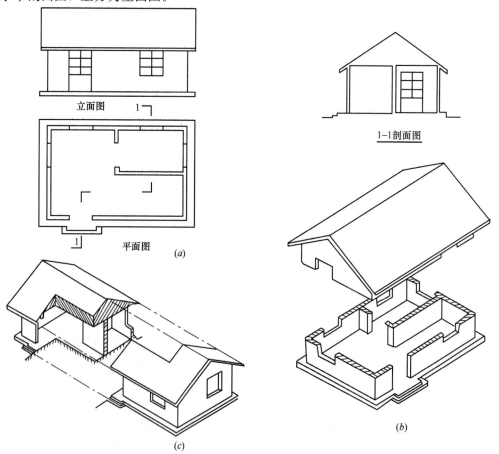

立面图

1-1剖面图

平面图

（a）

（b）

（c）

图 1-1-12　模型立体的阶梯剖面图

8

（2）半剖面图

如果被剖切的形体是对称的，画图时常把投影图的一半画成剖面图，另一半画形体的外形图，这个组合而成的投影图叫半剖面图。这种画法可以节省投影图的数量，从一个投影图可以同时观察到立体的外形和内部构造。

如图 1-1-13 所示，为一个杯形基础的半剖面图。在正面投影和侧面投影中，都采用了半剖面图的画法，以表示基础的内部构造和外部形状。

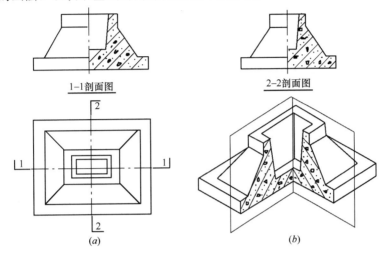

图 1-1-13　杯形基础的半剖面图
(a) 投影图；(b) 直观图

在画半剖面图时，应注意以下几点：

1）半剖面图的半外形投影图应以对称轴线作为分界线，即画成细点划线。

2）半剖面图一般应画在水平对称轴线的下侧或垂直对称轴线的右侧。

3）半剖面图一般不画剖切符号。

（3）阶梯剖面图

如图 1-1-14（a）所示，形体具有两个孔洞，但这两个孔洞不在同一轴线上，如果仅作一个全剖面图，势必不能同时剖切两个孔洞。因此，可以考虑用两个相互平行的平面通过两个孔洞剖切，如图 1-1-14（b）所示，这样画出来的剖面图，叫做阶梯剖面图。其剖切位置线的转折处用两个端部垂直相交的粗实线画出。需注意，这样的剖切方法可以是两个或两个以上的平行平面剖切。其剖切平面转折后由于剖切而使形体产生的轮廓线不应在剖面图中画出。如图 1-14（c）所示。再如图 1-1-12 所示作的 1-1 剖面图，为了将门和内屋窗户同时剖开，作出的 1-1 阶梯剖面图，解决了这个问题。

（4）展开剖面图

有些形体，由于发生不规则的转折或圆柱体上的孔洞不在同一轴线上，采用以上三种剖切方法都不能解决，可以用两个或两个以上相交剖切平面将形体剖切开，所画出的剖面图，称为展开剖面图。如图 1-1-15 所示为一个楼梯的展开剖面图。由于楼梯的两个梯段互相之间在水平投影图上成一定夹角，如用一个或两个平行的剖切平面都无法将楼梯表示清楚。因此，可以用两个相交的剖切平面进行剖切。展开剖面图的图名后应注"展开"字样，剖切符号的画法如图 1-1-15 所示。

9

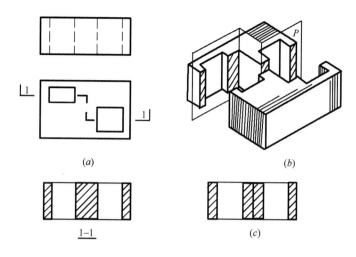

(a) (b)

1-1 (c)

图 1-1-14 阶梯剖面图

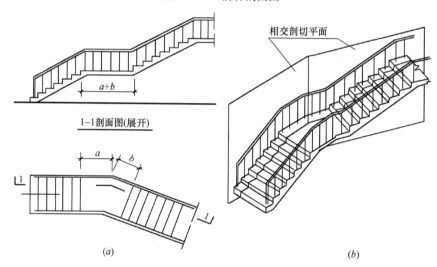

相交剖切平面

1-1剖面图(展开)

(a) (b)

图 1-1-15 楼梯的展开剖面图

（a）投影图；（b）直观图

（5）分层剖面图和局部剖面图

有些建筑的构件，其构造层次较多或只有局部构造比较复杂，可用分层剖切或局部剖切的方法表示其内部的构造，用这种方法剖切所得的剖面图，称为分层剖面图或局部剖面图。如图 1-1-16 所示为分层剖面图，图 1-1-17 所示为局部剖面图。

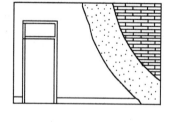

图 1-1-16 分层剖切剖面图

（二）截面图（断面图）

对于某些单一的杆件或需要表示某一部位的截面形状时，可以只画出形体与剖切平面相交的那部分图形，即假想用剖切平面将物体剖切后，仅画出断面的投影图称为断面图，简称断面。

1. 断面图与剖面图的区别

10

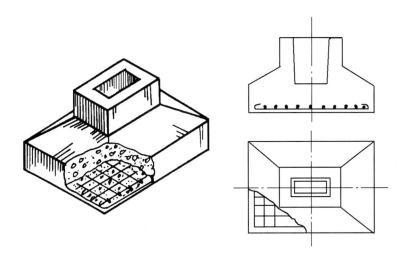

图 1-1-17　局部剖面图

断面图和剖面图的区别有两点：

（1）断面图只画出物体被剖切后剖切平面与形体接触的那部分，即只画出截断面的图形，而剖面图则画出被剖切后剩余部分的投影。如图 1-1-18 所示。

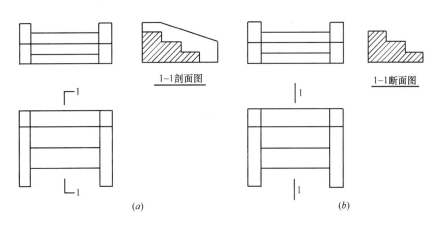

图 1-1-18　断面图与剖面图的区别

（a）剖面图的画法；（b）断面图的画法

（2）断面图和剖面图的符号也有不同，断面图的剖切符号只画长度为 6～10mm 的粗实线作为剖切位置线，不画剖视方向线，编号写在投影方向的一侧。

2. 断面图的配置方法

（1）移出断面

将形体某一部分剖切后所形成的断面图移画于主投影图的一侧，称为移出断面，如图 1-1-19 和图 1-1-20 所示。

断面图移出的位置，应与形体的投影图靠近，以便识读。断面图也可用适当的比例放大画出，以利于标注尺寸和清晰地显示其内部构造。

（2）重合断面

将断面图直接画于投影图中，二者重合在一起的称为重合断面，如图 1-1-21 所示。

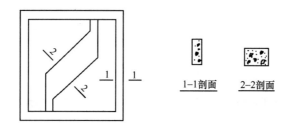

图 1-1-19　移出断面图的画法

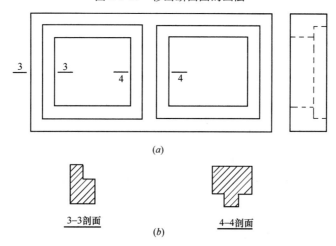

图 1-1-20　移出断面图的画法

（a）正投影图；（b）断面图

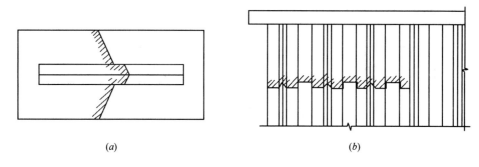

图 1-1-21　断面图与投影图重合

（a）厂房的屋面平面图；（b）墙壁上装饰的断面图

重合断面图的比例应与原投影图一致。断面轮廓线可能是闭合的，如图 1-1-22 所示，

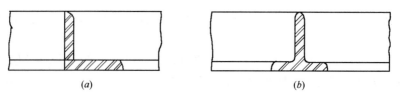

图 1-1-22　断面图是闭合的

也可能是不闭合的如图 1-1-21 所示，比例应于断面轮廓线的内侧加画图例符号。

（3）中断断面

对于单一的长向杆件，也可在杆件投影图的某一处用折断线断开，然后将断面图画于其中，如图 1-1-23 所示。

三、装饰工程制图基本知识

装饰施工图亦称"室内施工图"，简称"饰施"或"室施"。目前，在国内尚未制定出统一的制图标准。因此，现在的制图方法十分混乱，可谓五花八门。但基

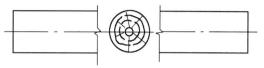

图 1-1-23　中断断面图的画法

本是按正投影方法绘制的，且绝大多数是套用建筑制图标准。下面就目前较为常用且易为大多数人所接受的绘制方法，探讨装饰工程制图的基本知识。

由于装饰详图与建筑详图所用的制图手法与作用完全一样，仅是侧重点不同而已——建筑详图表达其建筑结构、构造、材料与做法等；而装饰详图则表达其装饰结构、构造、材料与做法等。如楼梯详图，若不画表面饰层，便是典型的建筑详图；若主要画表面饰层，则为装饰详图。

任何工程（房屋建筑、装饰装修、道路桥梁、水利工程等）从设计到完工的整个过程都离不开图样：设计阶段，要用图样来表达设计思想、选择、修改和确定设计方案；在施工阶段，则必须按确定的图纸编制施工计划、准备材料和组织施工。因此，图样是工程技术中不可缺少的技术资料，也是设计文件的主要组成部分和施工的主要依据，被称为"工程界的语言"。

装饰工程常用图样及其特点：

1. 正投影图

正投影图的优点是能准确表达物体的形状和大小，并且作图简便，是各种工程中应用最广泛的一种施工图样。其缺点是不易识读，需要通过一定的训练才能看懂，如图 1-1-24 所示。

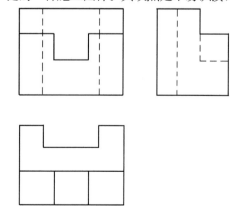

图 1-1-24　正投影图

2. 轴测图

轴测投影图是由一组平行投射线按特定方向，将物体的主要三个面（正面、侧面、顶面）和反映物体在长宽高三个方向的坐标轴一起投射在选定的投影面而形成。其特点是：在任何轴测投影图中，凡相互平行的直线，其轴测投影仍然平行；凡物体上与三个坐标轴平行的直线尺寸，在轴测投影图中均可沿轴的方向量取；与坐标轴不平行的直线，其投影可能变长或缩短，不能在图上直接确定尺寸，而需先定出直线两端点的位置，再画出该直线的轴测投影；直线的分段比例，在轴测投影图中不会变化。

轴测投影图的种类：常用的有正轴测投影图和斜轴测投影图两类，又有正等测、正二测，正面斜二测、水平斜等测、水平斜二测等区别。当物体的长宽高三个方向的坐标轴与轴测投影面倾斜，而其投影线与轴测投影面相垂直，所形成的轴测投影图即为正轴测投影

图；当物体两个方向的坐标轴与轴测投影面平行，即物体的一个面与轴测投影面平行，而其投影线与轴测投影面倾斜，所形成的轴测投影图即为斜轴测投影图。

轴测图的优点是立体感较强，且能按一定的方法度量，但有变形且作图不如正投影图简便的缺点。因此，轴测图常作为一种辅助图样，帮助直观地表达某些复杂的局部结构、在装饰工程中，有时亦可用作表达设计方案的效果图。

3. 透视图

透视图的优点是有很强的主体感和真实感，与人眼看到的实物或照片一样。因此，透视图是设计人员用于表达设计方案的主要手段，着色的透视图俗称"效果图"。因它作图繁琐，且不反映物体的实形，故不能作为施工的依据。

四、装饰工程制图的基本表示方法

建筑室内装饰施工图是表达建筑内墙、顶棚、地面的造型与饰面以及美化配置，灯光配置、家具配置等内容的图样。它主要包括装饰平面图、顶棚图、内墙立面图、剖面图和装修节点详图等，是室内装饰施工、室内家具和设备的制作、购置和编制装修工程预算的依据。

（一）装饰平面图

装饰平面图的形成与建筑平面图的形成方法相同，即假设一个水平剖切平面沿着略高于窗台的位置对建筑进行剖切，将上面部分挪走，按剖面图画法作剩余部分的水平投影图；用粗实线绘制被剖切的墙体、柱等建筑结构的轮廓；用细实线绘制在各房间内的家具、设备的形状，并用尺寸标注和文字说明的形式表达家具、设备的位置关系和各表面的饰面材料及工艺要求等内容。

根据装饰平面图，可进行家具、设备购置单的编制工作，结合尺寸标注和文字说明，可制作材料计划和施工安排计划等。

（二）顶棚图

为了表达顶棚的设计做法，我们就要仰面向上看，若就此绘制顶棚的正投影图，可能与实际的情况相反，造成一些误会。因此，通常采用镜像投影法绘制顶棚图。

顶棚图主要表达室内各房间顶棚的造型、构造形式、材料要求，顶棚上设置的灯具的位置、数量、规格，以及在顶棚上设置的其他设备的具体情况。

根据顶棚图可以进行顶棚材料的准备和施工，购置顶棚灯具和其他设备以及灯具、设备的安装等工作。

（三）内墙立面图

内墙立面图应按照装饰平面图中的投影符号所规定的位置和投影方向来绘制。内墙立面图的图名通常也是按照装饰平面图中的投影符号的编号来命名的，如 A 立面图、B 立面图等。

在绘制内墙立面图时，通常用粗实线绘制该空间周边一圈的断面轮廓线，即内墙面、地面、顶棚等处的轮廓；用细实线绘制室内家具、陈设、壁挂等处的立面轮廓；标注该空间相关轴线、尺寸、标高和文字说明。

根据内墙立面图，可进行墙面装饰施工和墙面装饰物的布置等工作。

（四）作图方法

1. 平面布置图作图方法

（1）测绘草图

平面布置图是在建筑平面图基础上建立起来的，因此，在作图过程中，首先要有原来的建筑平面图，再在该图上绘制出平面布置图。

平面布置图要求必须符合现场的尺寸与条件，原来的建筑平面图往往不能较准确地反映出实际的空间内部尺寸，如空间长和宽的净空间尺寸、梁柱间距的实际尺寸等。因此，作图若要取得符合现场尺寸与条件的平面图，通常在作图前进行现场测绘。要求作图者观察现场，徒手绘制空间平面形状的轮廓草图，并将丈量所得的空间高、门窗、房间格局、室内设施及梁柱间距等尺寸逐一记录在草图上，为下一步绘制平面布置图提供参考。

（2）绘制现况图

绘制现况图是依据现场测绘草图上标示的空间轮廓尺寸，按缩小比例后的尺寸绘制的。现况图的尺寸比例准确，图形端正，平面形状与实际符合，现况图的绘制方法与建筑平面图相同。

（3）作图程序

1）第一步，选定比例和图幅。

①根据原来的建筑平面图或现场测绘草图上标示的空间轮廓尺寸，并视室内平面布置的复杂程度选定比例。

②图幅的选定应根据室内装饰平面外轮廓总尺寸所画图形的大小情况，以及标注尺寸、符号、文字说明等所需的位置，选择适合的图幅。

2）第二步，绘制图稿。

①根据原来的建筑平面图或现场测绘草图画出室内装饰平面轮廓图。

②绘制新的空间、格局的分割墙体或分割线。

③将室内各空间的地板、家具设施等按缩小比例后的尺寸，用平面表示图例逐一绘制在图面相应的位置上。

④标注尺寸及有关符号。

⑤图稿完成后，需仔细校稿，如有问题，应及时解决和修正。经校核无误后，才可上墨。

3）第三步，描图。平面布置图的描图方法与前述的建筑平面图相似，通常按照下列线型上墨线。

①用线宽为 b 的粗实线描墙、柱轮廓线。

②用线宽为 $0.5b$ 的中实线描地板造型和家具设施等的轮廓线。

③用线宽为 $0.35b$ 的细实线画铺面材料质感线，通常画得较轻，应掌握浓淡、轻重、虚实的变化关系，灵活运用。质感线不能画得太琐碎，花样太多。

④用线宽为 $0.35b$ 的细实线描尺寸线，标高符号、引出线等。

⑤描立面图图示符号或其他符号。

⑥注写全部数字、字母和汉字。

⑦通常柱的厚度涂黑，墙心涂成浅灰色，需借助直尺来完成。家具设施部分也可以考虑用浅灰色依设定方向上一次阴影，以增进图面的美观效果，但不可太乱。

⑧校核修正无误后，即完成了该平面布置图的绘图工作。如图 1-1-25 所示。

2. 顶棚平面图作图方法

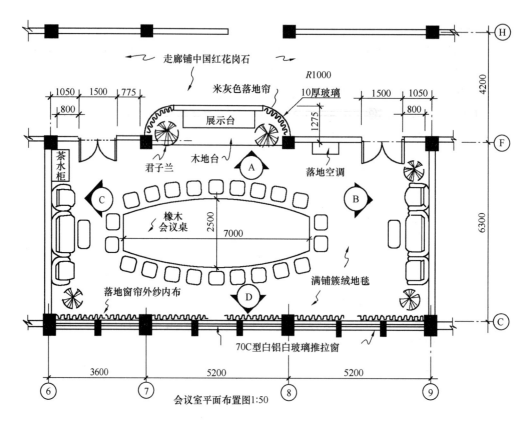

图 1-1-25　平面布置图

（1）第一步，选定比例和图幅。

选定与对应的平面布置图相同的比例和图幅。

（2）第二步，绘制图稿。

通常用铅笔、细实线起稿。

1）拷贝平面图中的柱、墙、门、窗等轮廓图形。

2）画顶棚上的造型轮廓线以及装饰件的形状轮廓线。

3）将顶棚上的各类电器设备按缩小比例后的尺寸，用图例逐一绘制在图面相应的位置上。

4）标注尺寸及有关符号，必要时可在图侧画一图例说明表。

5）图稿完成后，需仔细校稿。经校核无误后，才可上墨。

（3）第三步，描图。

顶棚平面图的描图方法与前述的平面布置图相似，通常按照下列线型上墨线。

1）用线宽为 b 的粗实线描墙、柱轮廓线。

2）用线宽为 $0.5b$ 的中实线描顶棚造型轮廓线，以及装饰件，各类电器设备图例等的轮廓线。

3）用线宽为 $0.35b$ 的细实线画顶棚饰面材料质感线。其画法要求与平面布置图相同。

4）用线宽为 $0.35b$ 的细实线描尺寸线、标高符号、引出线等。

5）描详图索引符号或其他符号。

16

6）注写全部数字、字母和汉字。

7）涂黑柱的厚度，并用浅灰色涂墙心，要求涂色深浅一致。通常顶棚平面图不画阴影。

8）校核修正无误后，即完成了该顶棚平面图的绘制工作。如图 1-1-26 所示。

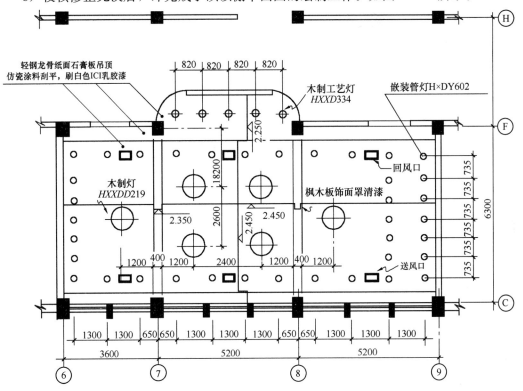

图 1-1-26　顶棚平面图（1∶50）

3. 装饰立面图作图方法

（1）第一步，选定比例和图幅。

（2）第二步，绘制图稿。

通常用铅笔、细实线起图稿。

1）画立面图的外轮廓线，即画左右墙内墙面、地面和顶棚平面的投影线。

2）画立面造型主要轮廓线。

3）画立面造型细部及有关装饰件的轮廓线。

4）标注尺寸及有关符号。

5）图稿完成后，需仔细校核，如有问题，应及时解决和修正。经校核无误后，方可上墨。

（3）第三步，描图。

装饰立面图的描图方法与前述建筑立面图相似。

1）用线宽为 b 的粗实线描地面投影线。

2）用线宽为 b 的粗实线描左右墙内墙面和顶棚平面的投影线。

3）用线宽为 $0.5b$ 的中实线描立面图造型轮廓线及有关装饰件的轮廓线。

4）用线宽为 0.35b 的细实线画饰面材料质感线，其画法要求与平面布置图相同。

5）用线宽为 0.35b 的细实线描尺寸线、引出线。

6）描详图索引符号或其他符号。

7）注写全部数字、字母和汉字。

8）经校核修正无误后，即完成了装饰立面图。如图 1-1-27 所示。

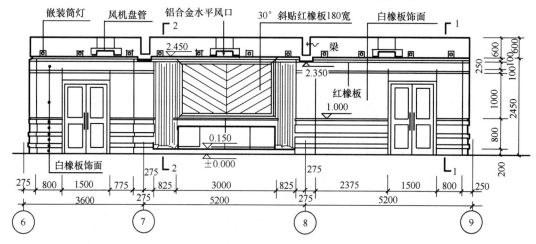

A向立面图 1:50

图 1-1-27　装饰立面图

4. 装饰剖面图作图方法

（1）第一步，选定比例和图幅。

1）一般装饰剖面图选用较大的比例。

2）装饰剖面图可以画在装饰立面图旁边，若不能画在同一张纸上，则另选相同的图幅，要求图面布置合理，避免无序零乱。

（2）第二步，绘制图稿。

通常用铅笔、细实线起稿。

1）画地面、顶棚线以及剖切面深度的左、右轮廓线。

2）画细部构造的主要轮廓线。

3）画断面材料的轮廓线。

4）标注尺寸及有关符号。

5）图稿完成后，需仔细校核，如有问题，应及时解决和修正。经校核无误后，才可上墨。

（3）第三步，描图。

装饰剖面图的描图方法与前述建筑剖面图相似。

1）用线宽为 b 的加粗实线描地面线。

2）用线宽为 b 的粗实线描墙体（或楼板、梁）的断面轮廓线。

3）用线宽为 0.5b 的中实线描被剖切的装饰构造材料断面轮廓线。

4）用线宽为 0.35b 的细实线描未被剖切的材料轮廓线。

5）按材料图例画断面材料。

6）用线宽为 0.35b 的细实线描尺寸线、引出线。

7）描详图牵引符号或其他符号。

8）注写全部数字、字母和汉字。

9）校稿修正无误后，即完成了装饰剖面图。如图 1-1-28 所示。

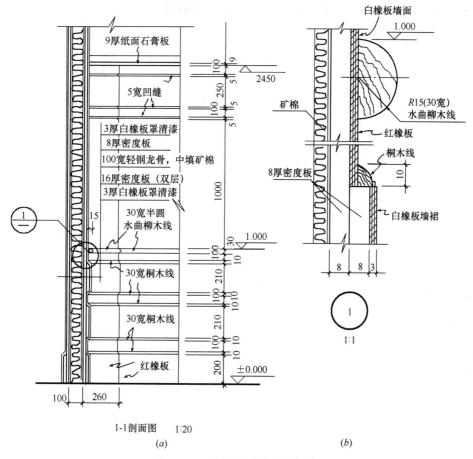

1-1剖面图   1:20
(a)   (b)

图 1-1-28　装饰剖面图及节点详图

(a) 装饰剖面图；(b) 节点详图

五、装饰施工图

随着我国经济的发展及人民生活水平的提高，建筑装饰越来越受到人们的重视，成为建筑工程中不可忽视的内容，所以，识读装饰施工图也是学习建筑识图的任务之一。

（一）装饰施工图的组成

装饰施工图是用于表达建筑物室内室外装饰美化要求的图样。它是以透视效果图为主要依据，采用正投影等投影法反映建筑的装饰结构、装饰造型、饰面处理，以及反映家具、陈设、绿化等布置内容。图纸内容一般有平面布置图、顶棚平面图、装饰立面图、装饰剖面图和节点详图等。

（二）装饰施工图的特点

装饰施工图与建筑施工图的图示方法、尺寸标注、图例代号等基本相同。因此，其制图与表达应遵守建筑制图的规定。装饰施工图是在建筑施工图的基础上，结合环境艺术设计的要求，更详细地表达了建筑空间的装饰做法及整体效果，它既反映了墙、地、顶棚三个界面的装饰结构、造型处理和装修做法，又图示了家具、织物、陈设、绿化等的布置，乃至它们的制作图。常用的装饰图例见表1-1-2。

装饰图例　　　　　　　　　　表1-1-2

图例	名称	图例	名称	图例	名称
	单扇门		其他家具（写出名称）	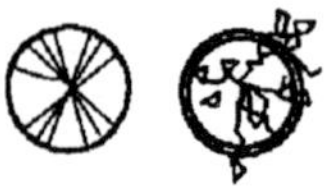	盆花
	双扇门	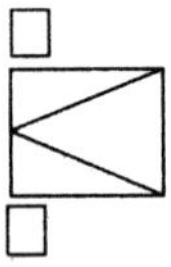	双人床及床头柜		地毯
	双扇内外开双弹簧门				嵌灯
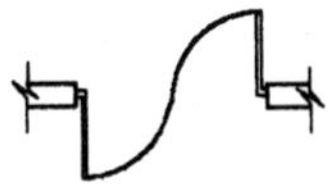					台灯或落地灯
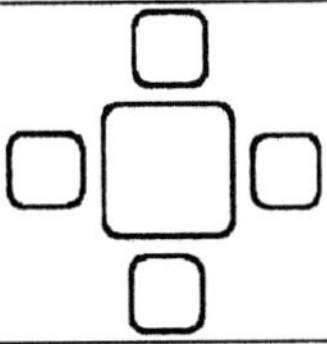	四人桌椅	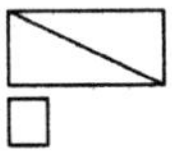	单人床及床头柜		吸顶灯
					吊灯
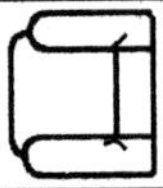	沙发		电视机		消防喷淋器
	各类椅凳		帘布		烟感器
				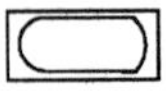	浴缸
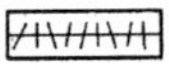				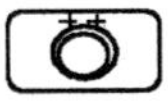	脸面台
	衣柜		钢琴		座式大便器

（三）装饰施工图的内容

1. 平面布置图

（1）形成

平面布置图是假想用一水平的剖切平面，沿需装饰的房间的门窗洞口处作水平全剖切，移去上面部分，对剩下部分所作的水平正投影图。它与建筑平面图的形成及表达的结构体内容相同（个别有改动者除外），所不同的是增加了装饰和陈设的内容。

平面布置图的比例一般采用1∶100、1∶50，内容比较少时采用1∶200。剖切到的墙、柱等结构体的轮廓，用粗实线表示，其他内容均用细实线表示。

（2）图示内容

现以某宾馆会议室为例，说明平面布置图的内容，如图1-1-25所示。

1）图上尺寸内容有三种：一是建筑结构体的尺寸；二是装饰布局和装饰结构的尺寸；三是家具、设备等尺寸。如会议室平面为三开间，长自⑥轴到⑨轴线共14m，宽自ⓒ轴到Ⓕ轴线共6.3m，Ⓕ轴线向上有局部突出；各室内柱面、墙面均采用白橡木板装饰，尺寸见图1-1-25；室内主要家具有橡木制船形会议桌、真皮转椅，及局部突出平面上的展示台和大门后角的茶具柜等家具设备。

2）表明装饰结构的平面布置、具体形状及尺寸，表明饰面的材料和工艺要求。一般装饰体随建筑结构而做，如本图的墙面柱面的装饰，但有时为了丰富室内空间、增加变化和新意，而将建筑平面在不违反结构要求的前提下进行调整。本图上方，平面就作了向外突出的调整：两角做成10mm厚的圆弧玻璃墙（半径1m）周边镶50m宽钛金不锈钢框，平直部分作100mm厚轻钢龙骨纸面石膏板墙，表面贴红色橡木板。

3）室内家具、设备、陈设、织物、绿化的摆放位置及说明。本图中船形会议桌是家具陈设中的主体，位置居中，其他家具环绕布置，为主要功能服务。平面突出处有两盆君子兰起点缀作用；圆弧玻璃处有米灰色落地帘等。

4）表明门窗的开启方式及尺寸。有关门窗的造型、做法，在平面布置图中不反映，交由详图表达。所以图中只见大门为内开平开门，宽为1.5m，距墙边为800mm；窗为铝合金推拉窗。

5）画出各面墙的立面投影符号（或剖切符号）。如图中的Ⓐ，即为站在A点处向上观察轴Ⓕ墙面的立面投影符号。

2. 顶棚平面图

（1）形成

用一个假想的水平剖切平面，沿需装饰房间的门窗洞口处，作水平全剖切，移去下面部分，对剩余的上面部分所作的镜像投影，就是顶棚平面图，如图1-1-26所示。镜像投影原理，如图1-1-29所示。它是镜面中反射图像的正投影。顶棚平面图一般不画成仰视图。

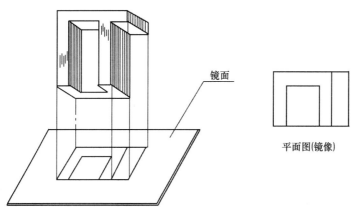

图1-1-29　镜像投影

顶棚平面图用于反映房间顶面的形状、装饰做法及所属设备的位置、尺寸等内容。常用比例同平面布置图。

（2）图示内容

现结合图 1-1-26 说明：

1）反映顶棚范围内的装饰造型及尺寸。本图所示为一吊顶的顶棚，因房屋结构中有大梁，所以⑦、⑧轴处吊顶有下落，下落处顶棚面的标高为 2.35m（通常指距本层地面的标高），而未下落处顶棚面标高为 2.45m，故两顶棚面的高差为 0.1m。图内横向贯通的粗实线，即为该顶棚在左右方向的重合断面图。在国内的上下方向也有粗线表示的重合断面图，反映在这一方向的吊顶最低为 2.25m，最高为 2.45m，高差为 0.2m。图中可见，梁的底面处装饰造型的宽度为 400mm，高为 100mm。

2）反映顶棚所用的材料规格、灯具灯饰、空调风口及消防报警等装饰内容及设备的位置等。本图中向下突出的梁底造型采用木龙骨架，外包枫木板饰面表面再罩清漆。其他位置吊顶采用轻钢龙骨纸面石膏板，表面用仿瓷涂料刮平后刷白色 ICI 乳胶漆罩面。图中还标注了各种灯饰的位置及尺寸：中间下落处设有四盏木制圆形吸顶灯，左右高顶部分选用两盏同类型吸顶灯，其代号为 HXDD219；此外，周边还设有嵌装筒灯 HXDY602，间距为 735、1300mm 两种，以及在平面突出处顶棚上安装的间距为 820mm 的五盏木制工艺灯（HXXD334），作为点缀并作局部照明用。另外，在图的左、中、右有三组空调送风和回风口（均为成品）。

3. 装饰立面图

（1）形成

将建筑物装饰的外观墙面或内部墙面向铅直的投影面所作的正投影图就是装饰立面图。图上主要反映墙面的装饰造型、饰面处理，以及剖切到顶棚的断面形状、投影到的灯具或风管等内容。

装饰立面图所用比例为 1∶100、1∶50 或 1∶25。室内墙面的装饰立面图一般选用较大比例，如图 1-1-27 为 1∶50。

（2）图示内容

以图 1-1-27 为例说明：

1）在图中用相对于本层地面的标高，标注地台、踏步等的位置尺寸。如图中（A 向立面中间）的地台标有 0.150 标高，即表示地台高 0.15m。

2）顶棚面的距地标高及其叠级（凸出或凹进）造型的相关尺寸。如图中顶棚面在大梁处有凸出（即下落），凸出为 0.1m；顶棚距地最低为 2.35m、最高为 2.45m。

3）墙面造型的样式及饰面的处理。本图墙面用轻钢龙骨做骨架，然后钉以 8mm 厚密度板，再在板面上用万能胶粘贴各种饰面板，如墙面为白橡板，踢脚为红橡板（高为 200mm）。图中上方为水平铝合金送风口。

4）墙面与顶棚面相交处的收边做法。图中用 100mm×3mm 断面的木质顶角线收边。

5）门窗的位置、形式及墙面、顶棚面上的灯具及其他设备。本图大门为镶板式装饰门，顶棚上装有吸顶灯和筒灯，顶棚内部（闷顶）中装有风机盘管设备（数量见顶棚平面图）。

6）固定家具在墙面中的位置、立面形式和主要尺寸。

7）墙面装饰的长度及范围，以及相应的定位轴线符号、剖切符号等。

8）建筑结构的主要轮廓及材料图例。

4. 装饰剖面图及节点详图。

（1）形成

装饰剖面图是将装饰面（或装饰体）整体剖开（或局部剖开）后，得到的反映内部装饰结构与饰面材料之间关系的正投影图。一般采用1：10～1：50的比例。

节点详图是前面所述各种图样中未明之处，用较大的比例画出的用于施工图的图样（也称作大样图）。

（2）图示内容

在图1-1-28中，墙的装饰剖面及节点详图即为一例。图中反映了墙板结构作法及内外饰面的处理墙面主体结构采用100型轻钢龙骨，中间填以矿棉隔音，龙骨两侧钉以8mm厚密度板，然后用万能胶粘贴白橡板面层，清漆罩面。

（四）装饰施工图的画法

装饰施工图的绘图步骤、要求同建筑施工图，这里不再赘述。

六、装饰结构图

楼梯详图主要用来表达楼梯的类型，结构形式、各部位的尺寸和装修做法等。由于它的构造较为复杂，因此常用平面详图、剖面详图与节点详图等来综合表示。

1. 楼梯平面图

楼梯平面图的画法与建筑平面图相同，都是水平的剖面图。除底层与顶层必画时，若中间各层的级数与形式相同时，可只画一个中间层平面图。顶层平面层规定在顶层扶手的上方剖切，其他各层规定在每层上行的第一楼梯（休息平台下）的任一位置剖切，各层被剖切到的梯段规定以一根45°折断线表示。

通常将各个平面图画在同一张图纸内，并互相对齐，这样既便于读图，又可省略标注一些重复尺寸。

楼梯平面图应表示出楼梯的类型、踏步级数及其上下方向，各部分的平面尺寸及楼、地面和休息平台等的标高尺寸等；另外，还需画定位轴线确定其位置，以便与建筑平面图对照阅读。在底层平面图中还应注明楼梯剖面图的剖切位置、剖切名称与投影方向等。

2. 楼梯剖面图

楼梯剖面图主要用来表示楼梯梯段数、步级数、楼梯的类型与结构形式以及楼梯、平台、栏板（或栏杆）等的构造和它们的相互关系等。

楼梯剖面图的画法遵循剖面画法和有关规定，但一般不画屋顶和楼面，将屋顶和楼面用折断线省去。

读剖面图时，需对照平面图明确其剖切位置与投影方向等。

3. 楼梯节点详图

楼梯平面图、剖面图基本上确定了楼梯的概况，但对于某些细部的详细构造、材料与做法等，往往还不能表达清楚，必须用更详细的图样来表示。

七、构配件图

建筑装饰所属的构配件项目很多。它包括各种室内配套设置体，如酒吧台、酒吧框、服务台、售货框和各种家具等；还包括结构上的一些装饰构件，如装饰门、门窗套、装饰隔断、花格、楼梯栏板（杆）等。这些配置体和构件受图幅和比例的限制，在基本图中无法表达精确，都要根据设计意图另行作出比例较大的图样，来详细表明它们的式样、用料、尺寸和做法，这些图样即为装饰构配件图。

构配件图有图例和详图等形式。图例是以图形规定出的画法，详图是为表达准确而作出比例较大的图样。详图主要用来表达建筑细部构造、构配件的形状。图例多采用国家制图标准规定的图例。

第二节　装饰工程识图

一、装饰平面图识图要点

（1）根据图名了解房间的名称、功能及所用比例。与建筑平面图不同的是，装饰平面图很少用层数确定平面图的名称，而往往是直接按房间的功能、用途等命名，如"××办公室平面图"、"××会议室平面图"等。

（2）根据各承重构件的布局，了解装饰空间的平面形状和建筑结构形式，并根据承重构件的轴线编号，找到其在整个建筑中的位置。

（3）分析装饰平面图例，了解室内设置、家具安放的位置，规格和要求以及与装饰布局的关系。

（4）根据尺寸，了解装饰平面面积、各陈设的大小形状及其与建筑结构的相对位置关系。

（5）通过阅读详细的文字说明，了解施工图对材料规格、品种、色彩及具体施工工艺要求等。

（6）在平面布置图中，一般有表示装饰立面图的投影方向的图示符号以便于与立面图对照阅读。该符号的画法如下：在一直径为 10mm 的中实线圆中，用大写拉丁字母表示投影名称，涂黑的箭头表示投影方向，它由两条成直角的圆的切线所围成；当各个方向均需画立面图时，该符号亦可合在一起，而将字母写在箭头所指的位置来表示。

（7）在有些平面布置中，由于表达方法的不同，还有表示剖面的剖切符号及详图的索引符号等，读图时要注意分析。

二、装饰立面图识图要点

（1）根据图名和比例，在平面图中找到相应投影方向的墙面。

（2）根据立面造型，分析各立面上有几种不同的装饰面，装饰面的所用材料及其施工工艺要求与最终体现的风格。

（3）根据立面尺寸，分析各立面的总面积及各细部的大小与位置。立面尺寸一般分为二道：第一道为立面的总长和总高尺寸，用以计算各立面面积；第二道为各细部尺寸，用以确定各细部的大小与位置。

（4）了解各不同材料饰面之间的衔接收口方式，所用材料和工艺要求等。

（5）注意检查电源开关、插座等设施的安装位置和安装方式、以便在施工中留位。

三、装饰剖面图识图要点

（1）根据图形特点，分清是墙身剖面图还是吊顶剖面图，并由图名找出它在相应图中的剖切位置与投影方向。

（2）对于墙身剖面图，可从墙角开始自上而下对各装饰结构由里及表地识读，分析其各房屋所用材料及其规格、面层的收口工艺与要求，各装饰结构之间及装饰结构与建筑结构之间的连接与固定方式，并根据尺寸进一步确定各细部的大小。

（3）对于吊顶剖面图，可从吊点、吊筋开始，依主龙骨、次龙骨、基层板与饰面的顺序进行识读，分析各层次的材料与规格及其连接方法，尤其注意各凹凸层面的边缘、灯槽、吊顶与墙体的连接与收口工艺及各细部尺寸。

（4）对于某些仍未表达清楚的细部，可由索引符号找到其对应的局部放大图。

第二章 装饰装修工程量清单的编制

第一节 概　　述

一、建筑装饰工程工程量概述

（一）正确计算工程量的意义

工程量表示的是各分部分项工程的数量和结构构件的数量。工程量是以物理计量单位或自然计量单位表示的。物理计量单位有长度米（m）、面积平方米（m²）、体积立方米（m³）等，自然计量单位主要有个、件、组、套等。

计算工程量是编制一切工程造价的基础工作，准确精细的工程量计算，是企业投标报价的依据。

工程量是施工企业编制施工组织，合理安排施工生产步伐和施工机具的依据。

工程量的计算是一项艰巨的任务，需要花费一定的努力，在计算时一定要步步为营，计算错误一步，就可能会造成上百万的损失。因此，正确计算工程量是一项非常重要的工作。

（二）装饰工程量计算的依据

装饰工程量计算的依据主要有：工程施工图及设计说明，《房屋建筑与装饰工程工程量清单计算规范》、消耗量定额、地区材料信息价格表、有关主管部门的有关文件等。

1. 经审定的工程施工图纸及相关设计说明

工程施工图纸是"工程量清单"实物内容的具体描述，它是计算工程量的基础资料。一般分为建筑施工图和结构施工图。在取得相关设计说明后，一定要全面检查施工图纸，以保证其安全、正确、细致。施工图纸应与招标书相互配套一致。

2. 装饰工程量计算规则

《房屋建筑与装饰工程工程量计算规范》中明确的规定了各分部分项工程工程量的计算方法和计算规则。计算工程量时一定要严格按照工程量计算规则，以确定所得工程量的准确。

3. 有关规范资料

（1）招标书及工程量清单文件；

（2）本地区主管部门的有关文件和规定；

（3）本地区的材料价格信息表；

（4）施工企业制成的《装饰工程消耗量定额及基价表》；

（5）装饰施工组织设计与施工技术方案。

（三）工程量计算的方法

装饰工程重点为三大部分：墙柱面装饰、顶棚面装饰、油漆涂料裱糊等。

以墙柱面装饰为例：

墙柱面装饰可分为一般抹灰、装饰抹灰、镶贴块料及墙、柱面装饰等。

1. 一般抹灰工程量的计算

一般抹灰按砂浆不同可分为石灰砂浆、水泥砂浆、混合砂浆和其他砂浆。

2. 装饰抹灰的工程量计算

装饰抹灰的材料可分为水刷石、干粘石、斩假石、水磨石、拉条灰、甩毛灰等，分别计算其工程量。

3. 镶贴块料工程量计算

块料可分为大理石、花岗石、大理石花岗石包圆柱饰面、凹凸假麻石、面砖等，分别计算其工程量。

4. 墙、柱面装饰工程量的计算

墙、柱面装饰可分为：龙骨基层、夹板、卷材基层、面层、隔断等装饰，分别计算其工程量。

(四) 工程量计算注意事项

1. 工程量严格按照《房屋建筑与装饰工程工程量计算规范》中规定的工程量计算规则计算。

2. 工程量的有效位数应遵守下列规定：

(1) 以"吨"为单位，应保留小数点后三位数字，第四位四舍五入。

(2) 以"立方米"、"平方米"、"米"为单位，应保留小数点后两位数字，第三位四舍五入。

(3) 以"个"、"项"等为单位、应取整数。

3. 施工图纸是工程量计算的基础资料，一切以施工图纸为准。

二、建筑装饰工程施工预算概述

(一) 施工预算及其作用

1. 建筑装饰工程施工预算

(1) 施工预算的意义。建筑装饰工程施工预算是指施工单位针对施工对象，根据施工设计图纸、施工定额和有关资料，计算出施工期间所应投入的人工、材料和资金等数量的一种内部工程预算。

它是以一个单位工程为对象，为施工企业所提供，是加强工程的施工管理、对工程进行施工成本核算和拟订施工投入的节约措施等所必须的一项重要内容。

(2) 施工预算与施工图预算的异同点。

施工预算与施工图预算的主要相同点：

1) 二者在编制方法和计算原理上基本相同。

2) 图纸依据相同。

施工预算与施工图预算的主要不同点：

1) 依据定额不同：施工预算依据劳动定额或施工定额，而施工图预算则依据基础定额。

2) 编制作用不同：施工预算主要用作于两算对比和用于施工计划成本管理，而施工图预算主要用来作为签定施工合同和拨付工程价款的依据。

2. 施工预算的基本任务

施工预算的基本任务有三点：

（1）根据施工现场情况、施工组织设计、施工设计图纸、施工定额和有关资料，正确地计算出所应投入的人工、材料的数量和工程的直接费用。

（2）将施工预算和施工图预算的各个分项工程，进行一一对比，找出两者之间的差距，对产生负差的部分提出针对性的改进措施，以保证施工投入不超出施工图预算的量值。

（3）为企业内部的成本核算和项目承包提供可靠数据。

3. 施工预算的作用

施工预算是每个施工企业加强施工管理的一项主要内容。它的主要作用可以归纳为以下四点：

（1）它是进行两算对比，掌握工程盈亏的核心内容。

通过将施工图预算和施工预算的人工、直接费等进行对比，可以看出两者之间的差额大小。如果出现负差额时，还可进一步寻找亏损原因，以便采取措施加以改善。

（2）它是施工企业制定施工成本计划和项目承包责任的重要依据。

一个完整的施工预算就是一项工程的施工成本预算，它详细的计算出施工期间所应投入的人工、材料和直接费用，需要时也可计算机械台班。这都是施工企业在安排施工成本计划和责任承包等方面所需要的基本数据。

（3）它是施工企业针对工程具体情况，制定施工管理措施的主要依据。

经过两算对比明确了问题的症结，即可针对不同情况拟订不同措施，使问题解决在预先察觉之中。

（4）它是计划安排各项施工资源投入量的基本依据。

施工预算的数据，是提供生产劳动部门、材料物资部门和计划财务部门等生产计划安排的主要依据。

（二）编制建筑装饰工程施工预算的依据。

编制施工预算主要有两方面的依据。

1. 定性方面的依据

主要是确定施工方法、施工条件、如何套用定额等方面的依据。这些依据有：

（1）施工现场的勘察资料和调查材料。这些材料包括：

1）施工现场在场地平整方面的挖方和填方数量或具体尺寸。确定是否要计算土方。

2）施工材料在规格品种方面的技术资料。如长、宽、厚的尺寸，材料单位重量等，以便在计算材料用量时使用。

3）拆旧换新的项目和无图纸依据的工程量，以便在预算时作补充项目的计算。

（2）施工组织设计或施工计划提纲。其中应明确以下内容：

1）脚手架和垂直运输机械的确定方案。确定是否使用脚手架和垂直运输机械以及使用脚手架和垂直运输机械的种类及其数量等。

2）材料运输和弃土或垃圾外运的距离。以便确定是否需要增算运输费用。

3）在设计图纸中没有明确的施工方法和有关构件的施工尺寸规格。以便于计算工程量和确定套用定额的项目。

2. 定量方面的依据

它是确定计算工程量、人工和直接费等数量方面的依据,这些依据包括:

(1) 现行的基础定额和劳动定额或施工定额。主要用于计算人工或材料。

(2) 施工设计图纸和配备的标准图集,以及图纸会审后的变更资料。它是计算工程量的主要依据。

(3) 与施工图预算相适应的材料价格和人工单价。主要用来计算人工费和材料费。

(4) 施工图预算及其工程量计算表。以便用作两算对比和计算工程量参考。

(三) 建筑装饰工程施工预算的编制

1. 施工预算的编制方法和步骤

施工预算编制的方法,由于与所依据的定额资料不同而有所区别。在 1956 年国家基本建设委员会曾颁布过《建筑安装工程统一施工定额》;1962 年国家建筑工程部对这一定额作了重新修订,去掉了材料消耗定额部分,另行颁发了《建筑安装工程统一劳动定额》,至此以后再没有颁布过全国性的统一施工定额。但在 1970 年代,有些省市根据原国定统一施工定额,结合本地区情况编有本省市的地区统一施工定额。1982 年后,国家再没有重新编制过统一的施工定额,由各施工企业自行处理。

因此,施工预算的编制,就分为有施工定额和无施工定额两种情况。有以施工定额为依据编制施工预算的方法,我们称它为"定额编制法";无施工定额为依据编制施工预算的方法,我们称它为"实物编制法"。

(1)"定额编制法"编制施工预算的方法和步骤。有施工定额为依据编制施工预算时,可根据施工定额的计量单位和要求,参照施工图预算的编制程序和方法进行编制即可。具体步骤如下:

1) 阅读施工定额有关部分的说明和工程量计算规则,对照施工图纸进行工程量计算。

因为各种定额有它自己的规定和计算要求,所以在计算前,都要认真阅读计算部分的定额说明和规定,按要求查取尺寸计算工程量,以免多走弯路,浪费时间。

工程量的计算仍按施工图预算的"工程量计算表"来进行。

2) 套用施工定额来计算直接费和计算人工、材料的需要量。

具体的计算方法和计算表格完全同施工图预算一样。

3) 填写两算对比表,进行两算对比。

两算对比表的形式可依对比的要求不同自行编制,但基本内容如表 2-1-1 所示。

<table>
<tr><td colspan="7" align="center">_____××_____ 工程两算对比表　　　　　　　　表 2-1-1</td></tr>
<tr><td rowspan="2">对比工程
项目名称</td><td colspan="2">施工图预算</td><td colspan="2">施工预算</td><td colspan="2">两算对比差值</td></tr>
<tr><td>直接费</td><td>综合工日</td><td>直接费</td><td>人工工日</td><td>直接费</td><td>工日</td></tr>
<tr><td></td><td></td><td></td><td></td><td></td><td></td><td></td></tr>
<tr><td></td><td></td><td></td><td></td><td></td><td></td><td></td></tr>
</table>

注:两算对比差值＝施工图预算－施工预算。

施工预算的直接费可只计算人工费和材料费,而机械费一般不作对比。因此施工图预算中的直接费也要扣除机械费后填入表内。

4) 找出负差项目的问题所在,提出改进措施。

(2)"实物编制法"编制施工预算的方法和步骤。实物编制法与定额编制法的最大区别，就是人工和材料用量要分别计算。人工依劳动定额要求计算，而材料按使用项目的计算公式计算。具体步骤如下：

1）依劳动定额的计量单位和有关规定，分别计算图纸中各分部工程的工程量。

劳动定额中对项目的计算规定，有好多项目与基础定额要求不同，如门窗工程：基础定额要求按洞口面积计算，而劳动定额规定按块料大小以樘或扇计算。因此计算工程量时，要求先看后算。

2）套用现行《建筑安装工程劳动定额》、《建筑装饰工程劳动定额》，计算人工工日和人工费。

$$人工工日＝工程量×时间定额$$
$$人工费＝人工工日×工日单价$$

3）计算各分项工程所需的材料量和材料费。

材料量依不同的工程项目列式计算，具体计算公式因篇幅所限，可参考第3章中各有关分部工程的计算式。

$$材料费＝\Sigma（各种材料量×材料取定价格）$$

4）填写两算对比表，进行两算对比。

5）查找负差项目的问题所在，并拟订改进措施。

2. 两算对比

两算对比是指将施工图预算和施工预算的计算结果进行对比，一般要求施工预算的值不超出施工图预算的值。也就是说，要求投入（即支出）量不超出收入量，工程才不至亏本。通过两算对比后，如若发现有超出的项目，就应设法降低工程成本，在保证工程质量的前提下减少支出，使问题预先得以解决，这就是两算对比的目的。

（1）两算对比的内容。两算对比的内容主要有以下三个方面：

1）人工及人工费对比

要求：施工预算的人工及人工费≤施工图预算的人工及人工费。即：

$$施工图预算综合工日－施工预算人工＝＋值$$
$$施工图预算人工费－施工预算人工费＝＋值$$

2）材料费对比

要求：

$$施工图预算材料费－施工预算材料费＝＋值$$

3）直接费对比

直接费是由人工费、材料费和机械费组成，但在大多数情况下，机械费一般不作对比。因为对施工机械的使用一般有两种情况，一种是按工期计划的使用时间进行租赁，交付机械租赁费；另一种是按固定资产调拨使用，时间可长可短。这两种情况都不是按实际使用台班计算，故一般不作机械费的对比，如果需要时，机械费可另行计算。因此，对比的直接费只包括人工费和材料费。要求：

$$施工图预算直接费－施工预算直接费＝＋值$$

（2）两算对比的方法步骤。两算对比按以下顺序进行：

1）首先选取一个分部工程，计算出施工预算的值，然后分别将人工费和材料费进行对比，得出对比值。如果对比差均为正值时，说明符合要求，再进行下一个分部工程的计算。如果对比差为负值时，应进行检查后，再进行下一步。

2）将直接费进行对比，如果对比差为正值，说明总的投入能满足要求，只是对上一步产生负差的部分应制定严格管理措施。如果对比差为负值，则应进一步对产生负差的人工或材料中的每个分项进行检查：

①首先检查施工预算的工程量计算是否正确。

②再检查工日数或材料量计算是否正确。

③进一步检查劳动定额的套用是否准确。

对上述错误排除后，将其中的每个分项与施工图预算中的相应分项进行一一对比，找出负差较大的分项。

3）针对负差较大的分项，拟订降低费用措施。这些措施可以从以下几方面考虑：

①在不降低工程质量情况下，适当改变品种规格（如小块料改成大块料），以减少人工使用量。

②在保证工程质量前提下，采用代用材料或掺合料，以减少材料费。

③在不影响原设计情况下，对细部构件作适当合并或拆分等的调整。如镶板门扇将四块镶板改成三块镶板，亮窗扇将三扇改成对开等，以减少用工用料量。

附：两算对比实践举例

现以铝合金门窗为例，说明其两算对比的做法。

1. 铝合金门窗的工程量和人工计算

由于在劳动定额中只有铝合金门窗安装，而没有铝合金门窗制定的项目，在计算门窗制定人工时，可根据编制《全国统一建筑装饰工程预算定额》中所取定数据：

铝合金地弹门按 1.8 工日/m²，全玻地弹门按 2.1 工日/m²，平开门窗、推拉门窗按 1.6 工日/m²。

（1）门窗工程量计算

M-1 面积＝1.45×2.475＝3.59m²

C-1 面积＝1.45×1.95×10＝28.28m²

C-2 面积＝1.45×1.75×6＝15.23m²

C-3 面积＝1.15×1.75×2＝4.03m²

C-5 面积＝0.7×0.45×6＝1.89m²，

窗面积小计＝28.28＋15.23＋4.03＋1.89＝49.43m²

（2）门窗人工工日及人工费计算

铝合金门(M-1)用工量＝3.59×1.8＝6.46 工日

铝合金窗(C－1～C－5)用工量＝49.43×1.6＝79.09 工日。

则：人工费＝(6.46＋79.09)×19.50＝1668.23 元

2. 铝合金门窗材料及材料费计算

（1）铝合金型材

包括门窗框、门窗扇和门窗亮等铝合金型材，它们按其框料的长、宽尺寸计算。

① 门窗框型材

门窗框型材一般为铝合金扁方管，其外框尺寸按下式计算：

门窗框高＝洞口高－墙框空隙

门窗框宽＝洞口宽－墙框空隙

【注释】墙框空隙：每一边按0.025m计,地弹门只算上一边,推拉与平开门窗算上下两边。

门窗框型材用量＝(2边框长＋上下横框长＋中横框长)×型材单位重×1.06

【注释】中横框长＝门窗框宽－2×边框方管厚。

② 门窗扇型材：

门窗扇铝合金型材有外边料(推拉窗称光企)、内边料(推拉窗称勾企)和上、下横材(推拉窗还配有上滑和下滑)。

门扇高一般按2或2.1m取定,窗扇高按图纸设计。门窗扇宽＝门框宽－2边框方管厚

一个门窗扇型材用量＝(外边料长×单位重＋内边料长×单位重＋上横材长×单位重＋下横材长×单位重)×1.06

③ 玻璃压条：

玻璃压条有两种,一是固定门扇玻璃的专用压条;另一种是固定亮窗玻璃的普通压条。

门扇玻璃压条用量＝(边料压条长＋横料压条长)×根数×单位重×1.06

亮窗普通压条用量＝(竖框压条长＋横框压条长)×根数×单位重×1.06

【注释】1.06为损耗率。

边料压条长＝扇边框料长(高)－上下横材高。

横料压条长＝扇宽－2边框料宽。

【注释】根数——玻璃每个边按2根计算。

单位重——根据型材出厂厂家的"型材规格技术资料"选用,因各厂家的生产工艺有所不同。即使同一型号的型材,所得出的单位重都有一定区别。

现摘录郑州铝型材厂有关规格如下：

① 地弹门型材规格：

扁方管：宽×厚×壁＝75mm×45mm×1.5mm,单位重按0.948kg/m

扇边料：宽×厚×壁＝51.3mm×46mm×1.3mm,外料单位重0.977kg/m,内边料单位重0.91kg/m

上横：宽×厚×壁＝54mm×44mm×1.5mm,单位重1.025kg/m。

下横：宽×厚×壁＝81mm×44mm×1.3mm,单位重1.64kg/m。

门扇玻璃压条：宽×厚×壁＝13.5mm×14.8mm×1.0mm,单位重0.14kg/m。

② 推拉窗型材规格：

扁方管：宽×厚×壁＝90mm×25mm×1.3mm,单位重0.789kg/m。

上滑：宽×厚＝90mm×51mm,单位重1.03kg/m。

下滑：宽×厚＝86mm×31mm,单位重0.953kg/m。

上横：宽×厚×壁＝51mm×28mm×1.3mm,单位重0.71kg/m。

上横：宽×厚×壁＝76mm×28mm×1.3mm,单位重0.907kg/m。

勾企：宽×厚×壁＝51mm×38mm×1.3mm,单位重0.855kg/m。

光企：宽×厚×壁＝46mm×38mm×1.3mm,单位重0.774kg/m。

边封：宽×厚×壁＝90mm×2mm×1.3mm，单位重 0.662kg/m。

中框：宽×厚×壁＝31mm×44mm×1.3mm，单位重 0.515kg/m。

亮扇玻璃压条：宽×厚×壁＝10mm×10mm×1mm，单位重 0.076kg/m。

（2）玻璃：按洞口面积计算，不扣减框料宽度。

（3）密封毛条：按扇边料的长度计算。

（4）玻璃胶：用于密封玻璃压条的周边，每支玻璃胶按挤胶 14m 长计算。

$$玻璃胶用量＝玻璃压条长度÷14（支）$$

（5）地脚、膨胀螺栓、螺钉等按基础定额指标计算。

现按上述要求计算如下：

1）铝合金型材

① 1M-1（1.5×2.5）：

门框：宽＝1.45m，高＝2.475m，中横框宽＝1.45－0.045×2＝1.36m。

则：扁方管长＝2.475×2＋1.45＋1.36＝7.76m。

门扇：宽＝1.36m，高＝2m。则：内外边料各长＝2m×2 扇＝4m。

上下横各长＝1.36－0.0513×2＝1.2574m。

门扇玻璃压条：宽＝1.257m。高＝2－0.054－0.081＝1.865m。

则：压条长＝（1.257＋1.865）×2×2 扇＝12.49m。

亮窗：宽＝1.36m，高＝2.475－2－0.045×2＝0.385m。

则玻璃压条长＝（1.36＋0.385）×2×2 面 ＝6.98m。

② 10C-1（1.5×2）：

窗框：宽＝1.45m。高＝1.975m，中横框宽＝1.45－0.025×2＝1.4m。

则：扁方管长＝（1.4×3＋1.975×2）×10＝81.50m。

窗扇：两扇宽按 1.4m。高按 1.2m。

则：边封、光企、勾企各长＝1.2×2 根×10 樘＝24m。

上下横滑各长＝（1.4－0.027×2）×10＝13.46m。

亮窗：宽＝1.4m。高＝1.975－1.2－0.025×3＝0.725m。

则：玻璃压条长＝（1.4＋0.725）×4×10＝85.00m。

③ 6C-2（1.5×1.8）窗框：

宽＝1.45m，高＝1.75m，中横框宽＝1.4m。

则：扁方管长＝（1.4×3＋1.75×2）×6＝46.20m。

窗扇：宽＝1.4m。高＝1.2m。

则：边封、光企、勾企各长＝1.2×2×6＝14.40m。

上下横、滑各长＝（1.4－0.027×2）×6＝8.076m。

亮窗：宽＝1.4m。高＝1.75－1.2－0.025×3＝0.475m。

则：玻璃压条长＝（1.4＋0.475）×4×6＝45.00m。

④ 2C-3′（1.2×1.8）窗框：

宽＝1.15m，高＝1.75m，中横框宽＝1.15－0.025×2＝1.10m。

则：扁方管长＝（1.1×3＋1.75×2）×2＝13.60m。

窗扇：宽＝1.1m，高＝2m。

则：边封、光企、勾企各长＝1.2×2×2＝4.8m。

上下横、滑各长＝(1.1－0.027×2)×2＝2.092m。

亮扇：宽＝1.1m。高＝0.475m。

则：玻璃压条长＝(1.1＋0.475)×4×2＝12.60m。

⑤ 6C-5(0.75×0.50)窗框：

宽＝0.70m，高＝0.45m。则：扁方管长＝(0.7＋0.45)×2×6＝13.80m。

窗扇：宽＝0.7－0.05＝0.65m，高＝0.45－0.05＝0.40m。

则：边封、光企、勾企各长＝0.4×2×6＝4.80m。

上下横、滑各长＝(0.65－0.054)×6＝3.576m。

综合以上构件材料，计算其重量如下：

① 地弹门：

扁方管＝7.76×0.948＝7.36kg，扇边料＝4×(0.977＋0.91)＝7.55kg。

上下横＝1.2574×(1.025＋1.64)＝3.35kg。

门压条＝12.49×0.14＝1.75kg，亮压条＝6.98×0.076＝0.53kg。

小计：20.54kg。

② 推拉窗：扁方管＝(81.5＋46.2＋13.6＋13.8)×0.789＝122.37kg

边封、光企、勾企＝(24＋14.4＋4.8＋4.8)×(0.774＋0.855＋0.662)＝109.97kg

上下横、滑＝(13.46＋8.076＋2.092＋3.576)×(1.03＋0.953＋0.71＋0.907)
＝97.93kg

压条＝(85＋45＋12.6)×0.076＝10.83kg

小计：341.10kg。

总计：20.54＋341.10＝361.64kg

铝合金型材＝361.64×1.06＝383.34kg，按基础定额单价。

则材料费＝383.34×16.87＝6466.95 元。

2）5mm 玻璃按洞口面积 56.52m²，则材料费＝56.52×30.85＝1743.64 元。

3）玻璃胶按压条总长 149.58÷14＝10.68 支，则：材料费＝10.68×20.76＝221.72 元。

4）密封毛条按门扇边料和窗扇边封总长 49.6×2＝99.2 支。

则：材料费＝99.2×1.64＝162.69 元。

5）软填料按基础定额计算(同施工图预算)19kg，则：材料费＝19×8.08＝153.52 元。

6）密封油膏同上，17.07kg，则：材料费＝17.07×3.74＝63.84 元。

7）地脚同上，226 个，则材料费＝226×1.30＝293.80 元。

8）膨胀螺栓同上，445 个，则材料费＝445×1.44＝640.80 元。

9）螺钉同上，4.24 百个，则：材料费＝4.24×3.22＝13.65 元。

10）胶纸同上，65m²，则：材料费＝65×4.32＝280.80 元。

11）小五金材料费＝0.04×6762.38＋0.02×3205.46＋0.04×2290.13＋0.53×1250.71
＝1089.09 元(门窗工程量×基础定额小五金费)

以上材料费总计：11130.50 元

3. 两算对比

对比项目	施工图预算	施工预算	两算对比＋—差

人工费	2156.93 元	1668.23 元	＋488.70 元
材料费	10011.31 元	11130.50 元	－1119.19 元
直接费	12168.24 元	12798.73 元	－630.49 元

通过上述对比，材料费产生负差 1119.19 元，而总直接费负差 630.10 元，这说明施工用材超出施工图预算，需进一步查找原因。通过材料用料检查，施工计算铝合金型材为 383.34kg，而施工图预算铝合金型材为 292.93kg，两者相差 90.41kg（材料费 90.41×16.87＝1525.22 元）。究其原因是郑州铝厂型材的单位重量偏高。因此，在选购铝合金型材时，应尽量按照定额内所使用的型材规格进货，即可克服这一负差现象。

三、建筑装饰工程预算造价概述

（一）装饰工程预算造价依据

1. 装饰施工图纸和有关设计说明。

（1）结构施工图局部详图；

（2）平面布置图、立面图、剖面图；

（3）装饰效果图。

2. 国家颁布的《房屋建筑与装饰工程工程量计算规范》。

它是工程量计算的重要依据，必须严格遵守，否则会使计算结果错误。

3. 施工现场的地理气象资料，例如冬季施工。

4. 本地区的材料价格信息表。

5. 政府部门的有关文件和规定。

6. 施工组织资料。

7. 装饰工程相关的法律法规。

8. 有关标准图集和手册。

（二）计算装饰工程预算造价应具备的基本条件

1. 施工图纸没有缺画、漏画现象，图纸张数合理。

2. 有关设计说明资料齐全，没有缺失。

3. 材料价格信息充足。

4. 施工组织合理，人员配备、机具安排有效。

（三）装饰工程预算造价编制方法

1. 实物造价法

实物造价法是根据以往类似工程施工所用的各种材料消耗量分别乘以人工预算工资单价、材料预算价格和机械台班价格得人工费、材料费和机械费，以其为基础计算各项取费，最后形成工程总造价的方法。

2. 单位估价法

单位估价法是以工程量为基础计算出工程中的各项费用，最后汇总形成工程总造价。

（四）装饰工程预算编制步骤

装饰工程预算一般按下列顺序编制：

1. 熟悉施工图和有关设计说明资料

施工图是编制预算的基础资料，因此要熟悉施工图纸和设计说明。

（1）将图纸排序，检查是否缺漏，要保证其完整性。

（2）仔细阅读，检查其尺寸标注是否错误。

（3）掌握相关的交底、会审资料。

（4）查阅与装饰工程相关的其他图纸。

（5）查看工程范围、内容，以及质量、工期等要求。

（6）足够的其他相关资料。

2. 列工程量清单项目

按设计图纸列出需要计算的装饰项目。

3. 计算工程量。

工程量是正确编制预算造价的基础，一定要按照工程量计算规则，正确计算。

4. 确定分项工程，计算工程直接费。

5. 确定各种材料的需要量。

6. 计算工程的间接费用。

7. 计算工程总造价。

四、装饰装修工程工程量清单项目及计算规则

随着人们物质生活的提高，建筑装饰档次逐年上升，其造价已接近或超过土建工程造价，专业的建筑装饰企业逐渐成熟、壮大，成为建筑行业一大支柱产业。鉴于上述现实，将"装饰装修工程工程量清单项目及计算规则"和"建筑工程工程量清单项目及计算规则"合列为一本书。

1. 内容及适用范围

（1）包括内容：《房屋建筑与装饰工程工程量计算规范》中，从附录 L 到附录 S，包括楼地面装饰工程，墙、柱面装饰与隔断、幕墙工程，天棚工程，油漆、涂料、裱糊工程，其他装饰工程，拆除工程和措施项目。

（2）适用范围：装饰装修工程清单项目适用于承发包实施阶段计价活动的工程计量和工程量清单编制。

2. 章、节、项目的设置

（1）装饰装修工程清单项目与《全国统一建筑装饰装修工程消耗量定额》（以下简称《消耗量定额》）章、节、项目设置进行适当对应衔接。

（2）《消耗量定额》的装饰装修、脚手架及项目成品保护费、垂直运输费列入工程清单措施项目费，装饰装修工程减至 6 章。

（3）装饰装修工程清单项目"节"的设置，基本保持消耗量定额顺序，但由于清单项目不是定额不能将同类工程——列项，如：《消耗量定额》将楼地面装饰工程的块料面层分为天然石材、人造大理石板、水磨石、陶瓷地砖、玻璃地砖等，而在清单项目中只列一项"块料面层"。还有一些在消耗量定额中列为一节，如"分隔嵌条、防滑条"列为一节，而在清单项目中，嵌条、防滑条仅是项目的一项特征。

（4）装饰装修工程清单项目"子目"设置，在消耗量定额基础上增加了：楼地面水泥砂浆、菱苦土整体面层、墙柱面一般抹灰项目、特殊五金安装、存包柜、鞋柜、镜箱等项目。

3. 有关问题的说明

（1）各工程清单项目之间的衔接。

1）装饰装修工程清单项目也适用于园林绿化工程工程量清单项目及计算规则中未列

项的清单项目。

2）建筑工程工程量清单项目及计算规则的垫层只适用于基础垫层，装饰装修工程工程量中楼地面垫层包含在相关的楼地面、台阶项目内。

（2）共性问题的说明

1）装饰装修工程工程量清单项目中的材料、成品、半成品的各种制作、运输、安装等的一切损耗，应包括在报价内。

2）设计规定或施工组织设计规定的已完产品保护发生的费用，应列入工程量清单措施项目费用。

3）高层建筑物所发生的人工降效、机械降效、施工用水加压等应包括在各分项报价内。

第二节　楼地面装饰工程

一、楼地面装饰工程造价概论

（一）定额项目内容及定额的运用与换算

1. 定额项目内容

本分部定额项目内容包括：垫层、找平层、整体面层、块料面层、地板、地毯及栏杆、扶手和踢脚线。

（1）垫层

垫层是在面层以下，承受地面以上荷载，并将它均匀传递到下面基土层上的一种应力分布的结构层。

垫层分为灌石油沥青碎石、砾石垫层及钢筋混凝土垫层。

灌石油沥青碎石、砾石垫层是在基土层上洒布石油沥青及铺嵌缝料而成。碎石采用强度均匀的石料，其粒径为 50mm 左右，石油沥青的软化点应为 40℃～50℃。其施工要点为：

1）碎石垫层的铺设应先分层铺设，碎石在碾压时浇水碾压到碎石不松动，表面无波纹为止。

2）碎石层铺设后，用洒油机在碎石表面上洒布石油沥青三次。

3）洒布石油沥青后均应立即铺撒嵌缝石。

混凝土垫层是采用不低于 C10 的混凝土铺设而成，其厚度应 ≥60mm。

4）水泥可采用硅酸盐水泥、普通硅酸盐水泥、矿渣硅酸盐水泥、火山灰质硅酸盐水泥和粉煤灰水泥。

5）垫层用于基础垫层时，按相应定额人工乘以系数 1.2。

6）混凝土应搅拌均匀，其强度达到 1.2MPa 以后，才能在其上做面层。

7）垫层边长超过 3m 的，应分格进行浇筑，分格缝应结合变形缝的位置，不同材料的地面连接处和设备基础的位置等划分。

（2）找平层

找平层主要是指楼地面面层以下，因技术上的需要而进行找平，也称为打底。找平层是一种过渡层。墙柱面装饰中也有找平层，但不另外计算。在铺找平层之前，首先应清理干净，而且应保证找平层的稳定性。

（3）整体面层

整体面层包括水泥砂浆、水磨石、水泥豆石浆、明沟、散水、防滑坡道、菱苦土、金属嵌条、防滑条等 27 项。

1) 水泥砂浆楼梯展开面积取定（图 2-2-1）。取定层高 3m、梯步角度 30°46′、踏步高度 167mm、踏步宽度 280mm，每 100m² 投影面积的展开面积 133m²。

2) 水磨楼梯展开面积取定（图 2-2-2）。取定层高 3.20m，梯步角度 28°04′，踏步高度 160mm，踏步宽度 300mm。每 100m² 投影面积的展开面积 136.5m²。

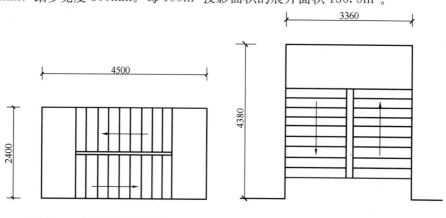

图 2-2-1　水泥砂浆楼梯示意图　　　　图 2-2-2　水磨石楼梯示意图

3) 台阶不包括牵边、侧面抹灰。台阶取定如图 2-2-3 所示。台阶每 100m² 投影面积的展开面积 148m²。

4) 水泥砂浆楼梯、台阶不包括找平层，水磨石、水泥豆石浆均包括水泥砂浆打底。

5) 明沟包括土方、混凝土垫层、砌砖或浇捣混凝土、水泥砂浆面层。各种明沟断面尺寸取定如图 2-2-4～图 2-2-6 所示。

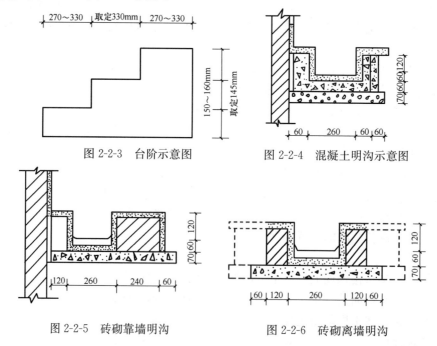

图 2-2-3　台阶示意图　　　　图 2-2-4　混凝土明沟示意图

图 2-2-5　砖砌靠墙明沟　　　　图 2-2-6　砖砌离墙明沟

6) 水磨石面层。如图 2-2-7 所示。

图 2-2-7　水磨石面层

水磨石面层有两种：现浇水磨石面层和预制水磨石面层。

①现浇水磨石面层：

为保证其质量，对所用材料有如下要求：a. 水泥——为保证颜色与水磨石的色泽一致，深色面层宜采用大于 42.5 级的硅酸盐水泥、普通硅酸盐水泥、矿渣硅酸盐水泥；白色或浅色面层宜采用高于 42.5 级的白水泥。水泥应符合有关质量要求。b. 石料——水磨石面层应采用质地密实、磨面光亮而硬度不高的大理石、白云石、方解石或硬度较高的花岗石、玄武岩、辉绿岩等。石子的最大粒径应比水磨石面层厚度小 1～2mm 为宜。二者关系见表 2-2-1。石料粒径过大，不易压平，石料之间也不易挤实。c. 颜料——掺入水泥拌合物中的颜料用量不应大于水泥重量的 12%，颜料对水磨石面层质量及装饰效果所起的作用是不可低估的。要求颜料具有色光、着色力、耐光性、耐候性、耐水性和耐酸碱性。因此应优先选用矿物颜料，如氧化铁红、氧化铁黄、氧化铁黑、氧化铁、氧化铬绿及群青等。d 分格条——要求平整、厚度均匀。常用分格条有铜条、铝条和玻璃条三种，还有不锈钢、硬质聚氯乙烯制品。

水磨石面层石料粒径要求（mm）　　　　　　　　　　　　表 2-2-1

水磨石面层厚度	石子最大粒径
10	9
15	14
20	18
25	23
30	28

其中铜分格条装饰效果与耐久性最好，一般用于美术水磨石地面。玻璃分格条的装饰效果与耐久性差，一般用于普通水磨石地面。铝合金分格条的耐久性较好，但由于铝合金不耐酸碱，遇混凝土拌合物会发生反应，从而影响地面的装饰效果，甚至影响地面质量。因此，一般不要采用铝合金分格条，否则，应采取相应保护措施。分格条规格见表 2-2-2。

分格条种类及规格（mm）　　　　　　　　　　　　　表 2-2-2

种类	规格
铜条	1000×12×1.5
	1000×14×1.5
	1000×12×2.0
	1000×12×2.5
铝条	1200×10×（1.0～2.0）
玻璃条	1200×10×3.0

现浇水磨石面层的构造做法是：首先在基层上用 1：3 水泥砂浆找平 10～20mm 厚。当有预埋管道和受力构造要求时，应采用不小于 30mm 厚的细石混凝土找平。为实现装饰图案，防止面层开裂，常需给面层分格，因此，应先在找平层上镶嵌分格条，然后用 1：1.5、1：2.5 的水泥石子浆浇入整平，待硬结后用磨石机磨光，最后补浆、打蜡、

养护。

②预制水磨石面层：用预制水磨石板代替现浇水磨石作面层，其优点是工艺简单、劳动效率高、施工方便、速度快、装饰美观等。其材料的要求如下：

a. 预制水磨石板：规格有 305mm×305mm、400mm×400mm、500mm×500mm、厚25mm，35mm，色彩选定按设计要求，预制水磨石板进场应进行验收，凡强度低、裂缝、掉角和表面有缺陷的板块应剔出，必须做到角方、边直、面平，利于保证铺贴质量，避免碰撞损伤和日光强烈暴晒，防止板块变形。

b. 水泥：普通硅酸盐水泥或矿渣硅酸盐水泥，出厂半个月到三个月，品料不限，稳定性好。

c. 粗砂和中砂：力求干净，含泥量不大于 3%，并要求过筛。

d. 材料配合比：基层细石混凝土按设计强度等级配制；找平层砂浆配合比，水泥：砂＝1：3；黏结层砂浆配合比，水泥：黄砂＝1：1.5，稠度一般为 60～80mm。

e. 石膏粉、蜡、草酸应符合要求。

预制水磨石面层施工要点：一般应在顶棚、立墙抹灰后进行，先铺地面后安踢脚线；铺设在水泥砂浆结合层上的水磨石板块，在铺设前应用水浸湿，应待基层水泥砂浆抗压强度达到 1.2MPa 以上才能进行；水磨石预制块面层铺设前，按图案纹理试拼并编号，应使预制水磨石表面平整、密实；板块应分段同时铺砌，板块与结合层之间不得有空隙，墙角、镶边和靠墙处都要与水泥砂浆紧密结合；铺砌时，预制水磨石地面缝隙不得大于2mm，已铺砌的板块下挤出的砂浆应在其凝固前清除；水磨石预制板铺砌后，表面加以保护，待水泥砂浆强度达到 60%～70%，方可打蜡达到光滑洁亮。

（4）块料面层

块料面层是采用块料以装配方法施工的面层。随着社会进步和装饰业的发展，新型块料面层日益增多。常用的块料有细料石、红阶砖、普通黏土砖、水泥砖、缸砖、彩釉地砖、混凝土块、大理石、花岗石、水磨石板、菱苦土与马赛克等。块料面层均需设置结合层。

块料面层因材料的不同分为预制板块面层、砖块面层、玻璃面层、塑料板橡胶板面层、地毯及附件、木地板及防静电活动地板等。块料面层的主要特点是外表美观、立体感强、工序较多、造价较高。

各种块料面层所采用的结合层厚度见表 2-2-3。

水泥砂浆（砂）结合层厚度取定表　　　　　　　　　　表 2-2-3

序号	项目名称	厚度（mm）	序号	项目名称	厚度（mm）
1	大理石	20	7	缸砖	10
2	花岗石	20	8	陶瓷锦砖	5
3	汉白玉	20	9	拼碎块料	20
4	预制水磨石	20	10	红（青）砖砂浆结合	20
5	彩釉砖	10	11	凹凸假麻石块	10
6	水泥花砖	10			

注：1. 缸砖勾缝缝宽取定 8mm；

　　2. 红（青）砖缝宽取定 5mm（含砂及砂浆项目）。

上海市标准陶瓷面砖胶粘剂（JCTA 系列）应用技术规程摘录：

胶粘剂铺贴各种类型饰面砖时，其粘结层厚度及单位耗用量宜按表 2-2-4 的规定。

胶粘剂粘结厚度及单位耗用量 表 2-2-4

序号	材料类别	粘结层厚度（mm）	耗用量（kg/m²）	备注
1	纸皮小面砖	2～3	6.50	双面涂层
2	纸皮马赛克	2～3	5.5～6.0	双面涂层
3	釉面瓷砖	2～3	4.0	单面涂层
4	陶瓷面砖（嵌缝）	2～3	4.5～6.0	单面涂层
5	陶瓷块砖	2～3	4.0	单面涂层
6	大理石、花岗石	3～5	6～7	
7	陶土瓦片（正贴）	3～5	10.5	单面涂层
8	陶瓷瓦片（反贴）	2～3	4.0	单面涂层

注：上述指标均系在基层符合工程质量验收评定标准的条件下所确定的。

1）大理石、花岗石一般用于宾馆的大厅或要求较高的卫生间，公共建筑的门厅、休息厅、营业厅等房间楼地面。大理石、花岗石面层应采用天然大理石板材和花岗石板材，板材表面要求光洁明亮、色泽鲜明、无刀痕、裂纹；大理石、花岗石面层下应采用结合层，结合层可用 1：4～1：6 的水泥砂或 1：2 水泥砂浆，水泥砂结合层厚度为 20～30mm，水泥砂浆结合层厚度为 10～15mm；在铺设板材前，应按设计要求，根据石材的颜色、花纹、图案、纹理等试拼编号；当板材有裂缝、掉角、翘曲和表面有缺陷时应予剔除，品种不同的板材不得混杂使用；铺砌板材时，应在基层面上弹纵横准线，准线位置一般取在离墙边一块板材宽度处，大理石、花岗石板材应先用水浸湿，待擦干或表面晾干后方可铺设；大理石、花岗石板材的铺设应从准线开始，即这一行板材边对准准线，板材铺设时，在基层面上摊铺结合层，当用水泥砂结合层时，应干拌均匀并洒水；当用水泥砂浆结合层时，宜为干硬性水泥砂浆。为了增强结合层与板材粘结，在结合层面上宜采用水泥浆涂抹或干铺水泥洒水，随即将板材对准位置铺设在结合层上。大理石、花岗石面层的表面应洁净、平整、坚实，板材的拼缝宽度当设计无规定时不应大于 1mm；大理石、花岗石面层完工后应加以保护，待结合层的水泥砂浆强度达到要求后，方可打蜡达到光滑洁亮。铺砌的板材应平整、线路顺直、镶嵌正确，板材间、板材与结合层以及墙角、镶边和靠墙外均应紧密砌合，不得有空隙。大理石、花岗石面层相邻两块板的高度差的允许偏差为 0.5mm；面层中板块行列在 5m 长度内，其直线度的允许偏差为 2mm，面层表面平整度允许偏差为 1mm。

2）菱苦土地面

菱苦土：是以天然菱镁矿经 800～850℃燃烧后磨成细粉而得的一种强度较高的气硬性胶凝材料。它硬化快、强度高、性脆，但耐水、耐湿性差，呈弱碱性，与纤维材料有良好的粘结力。煅烧所得的菱苦土磨得越细，使用强度越高；相同细度时 MgO 含量越高，质量越好。

菱苦土地面由菱苦土、锯木屑和氯化镁溶液等拌合料铺设而成，具有较好的耐火、保温、隔声、绝缘性能，是具有弹性的暖性地面。

3）水磨石面层

在底层上用水泥砂浆按设计要求粘好分格用的铜条、铝条或玻璃条，先刮素水泥浆然后用不同色彩的水泥石子浆按设计要求的图案花纹分别填入分格网中抹平、压实。待半凝固时开始试磨，磨石由粗至细一般分三遍进行，最后用草酸溶液擦洗，使石子清晰显露，晾干后再行打蜡，如此所得面层即为水磨石面层。其工作内容包括：清理基层、调制水泥石子浆、刷素水泥浆、找平抹面、磨光、补砂眼、理光、上草酸打蜡、擦光、嵌条、调色，彩色镜面水磨石面层还包括油石抛光。

4）缸砖

缸砖为高温烧成的小型块材，特点是表面致密光滑，坚硬耐磨、耐酸耐碱、防水性好，一般不易变色。其构造做法是：在基层上做 10～20mm 厚 1∶3～1∶4 水泥砂浆找平层，然后浇素水泥浆一道，以增加其表面粘结力，缸砖背面另刮素水泥浆，然后粘贴拍实，最后用水泥砂浆嵌缝。另一种做法是铺在不要垫层的泛水和基层表面平整的情况下，还可以先对基层表面清扫、湿润，刷 1～2mm 厚掺 20％108 胶的水泥浆，然后用 5％～10％108 胶的水泥砂浆直接粘贴。这种做法与前者相比，掺 108 胶后的水泥砂浆保水及防止开裂的性能好，故不需作较厚的砂浆层，且粘结强度高，便于施工，容易铺平。

5）马赛克

马赛克又称陶瓷锦砖。在铺贴陶瓷锦砖前应使所需材料符合下列要求：陶瓷锦砖——它分大、小块，进场后应拆箱检查。颜色、规格、形状、粘贴的质量等应符合设计要求和有关标准的规定，每联规格一般为 30.5mm×30.5mm。水泥——42.5 级、52.5 级普通硅酸盐水泥或矿渣硅酸盐水泥；砂——粗砂或中砂。

陶瓷锦砖面层应铺设在水泥类基层上，其结合层宜用 1∶2 水泥砂浆，厚度为 10～15mm。在清扫干净的基层面上，按图案设计弹出各砖联的分格线，在每一分格区内写出砖联编号，分格区上的编号应与砖联背纸上编号相对应。陶瓷锦砖应按顺序在各个分格区内铺设，一个分格区只铺一个砖联，铺设时，将水泥砂浆摊铺于分格区内，抹实平整，在水泥砂浆面上再涂刷一层水泥浆，厚度为 2～2.5mm，随即将砖联对准分格线铺贴上去、压平压实。不够整联处，应先量出铺贴范围，去掉不需要铺贴的陶瓷锦砖块，再铺贴上去。陶瓷锦砖面层铺贴后，待锦砖能粘住时，在背纸上淋水，背纸湿润后将其揭去。陶瓷锦砖面层应坚实、平整、洁净，不应有空鼓、松动、胶粒和裂缝、缺棱、掉角、污染等缺陷。

在铺贴时注意一般应在顶棚、墙面抹灰和墙裙、踢脚线完工后再施工；一个房间应一次完成，不能分次铺贴，并要按水平线镶铺，防水层要严格控制；施工后的锦砖表面平整，颜色一致，同一房间要用长宽相同的整块锦砖。按缝要均匀，按缝时分格缝可拉通线，将超线的砖顺直，而且不能有砂浆痕迹。铺完地面的次日，用干锯末养护 3～4 天，养护间不得上人。找平层做完后应跟着做面层，防止污染，影响与面层的粘结。铺锦砖前刮的水泥浆防止风干，薄厚要均匀。

6）地砖

在地面砖铺贴前，应先挂线检查并掌握楼地面垫层的平整度，并用清水冲刷基层；在刷净的地面上，铺一层 1∶3.5 的水泥砂浆，厚度小于 10mm，砂浆结合层应铺均匀；根据设计要求确定地面标高和平面位置线，可以用棉线在墙面标高点上拉出地面标高线，以及垂直交叉的定位线；地面砖按定位线的位置铺贴，用1：2水泥砂浆摊在砖背面上，再将砖与地面铺贴，用橡胶锤敲击砖面，使其与地面压实，防止空敲，擦去表面的水泥浆，并且高度与地面标高线吻合。铺贴8块以上时应用水平尺检查其平整度，高的部分用橡皮锤敲平，低的部分应起出地砖后，用水泥浆垫高。地面铺砖顺序是：室内铺砖由里向外或从中间的四周铺砌。对于卫生间的地面应注意铺贴时做出2%的返水坡。待整幅地面铺贴完毕后，养护2天再进行抹缝施工。抹缝时将白水泥调成干筒团，在缝隙上擦抹，使地砖的对缝内填满白水泥，再将地砖表面擦净。

7）塑料、橡胶板

塑料地板从广义上说，包括一切由有机物质为主所制成的地面覆盖材料。塑料地板按材料组成、加工方法、结构形式的不同，可分为油地毡、橡胶地毡、聚氯乙烯塑料地板三类。见表2-2-5。

塑料地板的分类　　　　　　　　　　　　　　　表 2-2-5

名称		主要材料组成		加工方法	结构形式
		树脂	填充料		
油地毡		植物油、松香树脂	碳酸钙、木屑、软木粉、颜料	连续辊压	与沥青油纸或麻木织物复合的卷材
橡胶地毡		天然橡胶、再生橡胶或丁苯橡胶	碳酸钙、增塑剂、防老剂、硬化剂	层压或鼓式连续硫化	软质单层块材或卷材
聚氯乙烯塑料地板	卷材	聚氯乙烯	碳酸钙、增塑剂、稳定剂、颜料	挤出或连续辊压	软质单层或复合层卷材
	石棉地砖	聚氯乙烯、氯乙烯——醋酸乙烯共聚物	石棉短纤维、碳酸钙、增塑剂、稳定剂、颜料	以层压为主	半硬质单层或复合层块材
	多填充料地砖	聚氯乙烯	轻、重质碳酸钙、增塑剂、稳定剂、颜料	层压	接近于硬质的块材
	再生地板	再生聚氯乙烯	碳酸钙、少量增塑剂和稳定剂，颜料	连续压延	半软质单层卷材或块材

油地毡是以植物油、树脂等为胶结料，加上颜料、填料及催化剂，通过胶化、捏和、成型并覆合在沥青油纸或麻布上，再经烘干等工序制成，具有一定弹性、良好耐磨性的红棕色宽、窄幅卷材或大小块材。

橡胶地毡是以天然橡胶或合成橡胶为主要原料，加入化学软化剂，在高温高压下解聚后，加入着色补强剂，经混练、塑化、压延而成。

聚氯乙烯塑料地板与油地毡、橡胶地毡相比，其突出性能是耐磨性好，并具有色彩丰富、装饰性强，耐湿性好、抗荷载性高、使用耐久性长等优点。

铺贴塑料地板前，应保证塑料板块面层平整、光洁、无皱纹、四边顺直，不得翘边和鼓泡；其色泽应一致，接缝应严密，脱胶处面积不得大于20cm²，其相隔的间距不得小于500mm。踢脚板上口平直，按5m直线检查允许偏差为±3mm；侧面应平整，接缝严密，阴阳角应做直角或圆角。

（5）木地板、地毯

木地板通常分架铺和实铺两种。架铺是在地面上先做搁栅，然后在搁栅上铺贴面层木地板。实铺是在建筑地面上直接拼铺木地板。其中架铺搁栅由于地板面距地面高度不同，又分架空地搁栅和敷地搁栅（图2-2-8）。

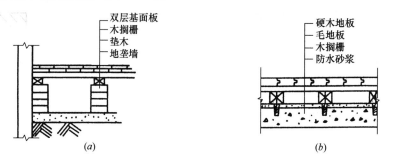

图 2-2-8　地板木搁栅主要几种形式

（a）架空地搁栅；（b）敷地地搁栅

1）架空地搁栅分内施与外施。

内施——老建筑底层木地板未拆除，直接在地板下施工（在地垄墙内猫腰施工）。

外施——老建筑底层木地板已拆除，施工时地搁栅裸露在外。

2）敷地搁栅指在水泥地坪上铺设木地板时需敷设的地搁栅。

① 敷地搁栅按搁栅间距划分 300mm、400mm 两类。一般单层地板木搁栅间距为300mm，双层地板（有毛地板）木搁栅间距为400mm。

② 敷地搁栅按敷设形式为：单向木搁栅、双向木搁栅。

a. 单向木搁栅指仅设置纵向木搁栅或横向木搁栅。

b. 双向木搁栅指除纵向设置木搁栅，横向亦设置木搁栅。铺设双向木搁栅子目间距指面层搁栅的间距。

③ 在套用木地板搁栅子目时，应按搁栅间距和材料规格执行相应定额。若实际施工用料规格与定额取定不同时，即：木搁栅材料总量相差±5％时可按实调整，人工不变。

④ 定额子目已包括搁栅与地坪连接角钢，角钢间距为500mm 交叉安放，角钢与地坪采用膨胀螺栓连接，角钢与木搁栅采用木螺丝连接。包括搁栅刷水柏油项目，但不包括刷防火漆。

3）小木地板铺设是实铺木地板的一种，它直接用地板胶铺贴在预先修平整后的混凝土地面或楼层表面。小木地板一般采用零碎硬杂木加工制作成长 30cm，宽 4cm 的木条地板。

其铺设方法可分直铺、格式、席纹（图2-2-9）。

4）地板刨光或磨光分松木地板和硬木地板。松木地板由于材质疏松、木纹粗，如采用磨地板机磨不光滑，故不考虑磨光，采用刨光。硬木地板均按磨地板机施工考虑。

地板木地搁栅和木地板工程量除架空地搁栅按立方米计算以外，其余均按主墙间净面积以平方米计算，应扣除立柱、隔墙及 0.3m² 以上孔洞面积。

地毯有良好的吸声、隔音、减少噪声的功能，柔软的质感、具有保湿性、弹性，装饰效果高雅、施工方便的特点。

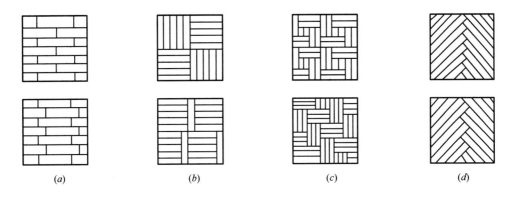

图 2-2-9　小条地板铺贴形式

(a) 直铺；(b) 格式；(c) 席纹；(d) 人字纹

地毯铺设一般有固定式和活动式两种方式。

1）固定式地毯铺设子目是指地毯固定在基层上，地毯不能随意更换。在地面铺设地毯后，地毯与地毯接缝外用地毯烫带粘结，墙体周边用扁铲将地毯边缘塞进木卡条和墙壁之间的缝隙中，如图 2-2-10 所示，定额子目不包括地毯与其他材料地面交接处，防止地毯被踢起而安装专用收口条，如发生边缘收口条应另行计算。

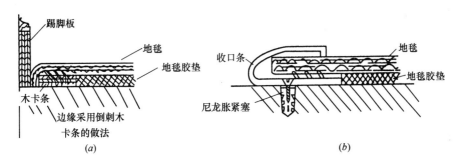

图 2-2-10　地毯铺设构造图

(a) 边缘做法；(b) 收口条做法

2）活动式铺设是将地毯直接摊铺在基层上，不与基层固定在一起，这种摊铺方法简单方便，但本定额地毯铺设子目不适用此种摊铺方法。

铺设楼梯地毯（图 2-2-11）定额子目中均不包括配件，如压棍、压棍脚、压板，若发生时应单列项目另行计算。楼梯地毯压棍安装已包括安装压棍脚。

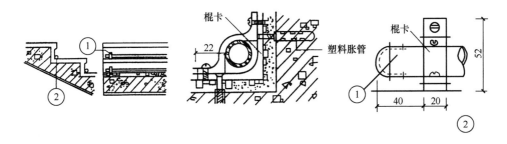

图 2-2-11　楼梯跳步上铺地毯

地面铺设地毯面层按实做面积以平方米计算，楼梯铺设地毯按展开面积以平方米计算。

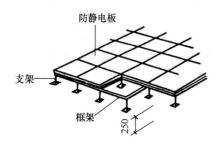

图 2-2-12　抗静电地板构造图

防静电地板：防静电地板是由铝合金龙骨、支座、防静电地板面层组成。其构造如图 2-2-12 所示。主要用于计算机房、电话总机房等。新铺防静电地板包括预排，但未包括接地人工和材料，接地项目执行电气分部工程相关定额子目。调换防静电地板未包括板下支架的修理。

工程量按净面积计算，如靠墙处单块地板大于二分之一，按整块地板面积予以换算。

踢脚线（图 2-2-13）：在一般情况下，木地板的靠墙四周应设置木踢脚线，踢脚线高度一般为 100～200mm。本定额踢脚线高度（除实木踢脚板）取定为 130mm，当实际选用规格与定额取定不同时，材料按实调整，人工不变。

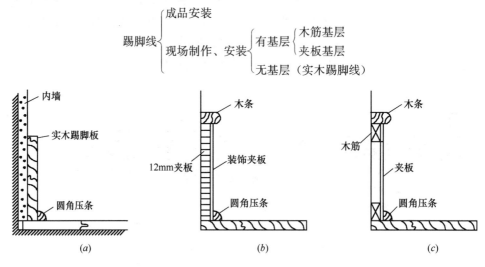

图 2-2-13　踢脚线示意图

（a）实木踢脚线；（b）厚夹板基层踢脚线；（c）木筋基层踢脚线

2. 楼地面装饰工程定额的运用

（1）在计算楼梯项目的装饰面时，应注意"投影面积"中不包括楼梯踏步侧面和底面，楼梯板侧面的装饰按装饰线项目计算，楼梯底板的装饰按顶棚面计算。

（2）踢脚板高度定额是按 150mm 编制的，若实际设计尺寸超过的，材料用量及其材料费和基价可以调整，其他人工和机械台班不变。调整量（如材料量、材料费、基价等）按下式计算：

$$调整量＝定额量×（设计高 mm÷150mm）$$

（3）定额中的"零星装饰"项目，只适用于小便槽、便池蹲位、室内地沟等零星项目。

（4）定额中的"地毯"项目：楼地面分固定式（又分单层和双层）和不固定式；楼梯分满铺和不满铺；踏步分压棍和压板。它们的区别如下：

1）楼地面固定式地毯，是指将地毯经裁边、拼缝、粘结成一块整片后，用胶粘剂或倒刺木卡条，将地毯固定在地面基层上的一种方式。其中单层铺设是用于一般装饰性工艺地毯，地毯有正反两面；而双层铺设的地毯无正反面，两面均可调换使用，在地毯下另铺有一层垫料，其垫料可为塑料胶垫，也可为棉毡垫。它们都按铺设的室内净面积计算。

2）楼地面不固定式地毯：它是指一般的活动摊铺地毯，即将地毯平铺在地面上，不作任何固定处理，也按室内净面积计算。

3）楼梯满铺：它是指从梯段最顶级铺到最底级，使整个楼梯踏步面层都包铺在地毯之下的一种形式。它按水平投影面积计算，大于500mm的楼梯井所占面积应予扣除。

4）楼梯不满铺：这是指分散分块铺设的一种形式，一般多铺设楼梯的水平部分，踏步立面不铺。这种形式按实铺面积计算。

5）踏步压棍与压板：它们用于地毯踏步的转角部位，压棍是指用小型钢管制作而成的压条，压住踏步地毯的边角部位，按套计算。压板是指用窄钢板条制作的压条，压住地毯的边角部位，按长度计算。

3．楼地面装饰工程定额换算

（1）本章水泥砂浆、水泥石子浆、混凝土等的配合比，如设计规定与定额不同时，可以换算。

（2）整体面层、块料面层中的楼地面项目，均不包括踢脚板工料；楼梯不包括踢脚板、侧面及板底抹灰，另按相应定额项目计算。

（3）踢脚板高度是按150mm编制的。超过时材料用量可以调整，人工、机械用量不变。

（4）菱苦土地面、现浇水磨石定额项目已包括酸洗打蜡工料，其余项目均不包括酸洗打蜡。

（5）扶手、栏杆、栏板适用于楼梯、走廊、回廊及其装饰性栏杆、栏板。扶手不包括弯头制作安装，另按弯头单项定额计算。

（6）台阶不包括牵边、侧面装饰。

（7）定额中的"零星装饰"项目，适用于小便池、蹲位、池槽等；本定额未列的项目，可按墙、柱面中相应项目计算。

（8）木地板中的硬、杉、松木板，是按毛料厚度25mm编制的，设计厚度与定额厚度不同时，可以换算。

（9）地面伸缩缝按相应项目及规定计算。

（10）碎石、砾石灌沥青垫层按相应项目计算。

（11）钢筋混凝土垫层按混凝土垫层项目执行，其钢筋部分按相应项目及规定计算。

（12）各种明沟平均净空断面（深×宽）均按190mm×260mm计算的，断面不同时允许换算。

（13）地面垫层按室内主墙间净空面积乘以设计厚度以立方米计算。应扣除凸出地面的构筑物、设计基础、室内铁道、地沟等所占体积。不扣除柱、垛、间壁墙、附墙烟囱及面积在0.3m²以内孔洞所占体积。

（14）整体面层、找平层均按主墙间净空面积以平方米计算。应扣除凸出地面构筑物、设计基础、室内管道、地沟等所占面积，不扣除柱、垛、间壁墙、附墙烟囱及面积在

$0.3m^2$ 以内的孔洞所占的面积，但门洞、空圈、暖气包槽、壁龛的开口部分亦不增加。

（15）块料面层，按图示尺寸实铺面积以平方米计算，门洞、空圈、暖气包槽和壁龛的开口部分的工程量并入相应的面层内计算。

（16）楼梯面层（包括踏步、平台、以及小于 500mm 宽的楼梯井）按水平投影面积计算。

（17）台阶面层（包括踏步及最上一层踏步沿 300mm）按水平投影面积计算。

（18）踢脚板按延长米计算，洞口、空圈长度不予扣除，洞口、空圈、垛、附墙烟囱等侧壁长度亦不增加。

（19）散水、防滑坡道按图示尺寸以平方米计算。

（20）栏杆、扶手包括弯头长度按延长米计算。

（21）防滑条按楼梯踏步两端距离减 300mm 以延长米计算。

（22）明沟按图示尺寸以延长米计算。

（二）楼地面装饰工程计算例题

1. 常用计算公式

（1）面层

1）水泥砂浆和混凝土面层等整体面层工程量

$$面层工程量 = 净长 \times 净宽$$

2）结构楼地面工程量

木地板：

$$面层工程量 = 净长 \times 净宽$$

3）贴面工程量

镶贴地面面层：按图示尺寸以平方米投影面积计算。

（2）垫层

$$地面垫层工程量 = (地面面层面积 - 沟道所占面积) \times 厚度$$

（3）墙基防潮层

$$外墙工程量 = 外墙基中心线长 \times 墙基厚$$
$$内墙工程量 = 内墙基净长 \times 墙基厚$$

（4）伸缩缝

1）外墙伸缩缝如果设计为内外双面填缝时，工程量计算公式

$$工程量 = 外墙伸缩缝长度 \times 2$$

2）伸缩缝断面按以下情况考虑

建筑油膏：

$$宽 \times 深 = 30mm \times 20mm$$

其余材料：

$$宽 \times 深 = 30mm \times 150mm$$

如设计不同时，材料可按比例换算，人工不变。

（5）明沟和散水

1）明沟

工程量按设计中心线长以延长米计算，垫层、挖土按相应定额执行。

48

2）散水

工程量＝（建筑物外墙边线长＋散水设计宽×4）×散水设计宽－台阶、花池等所占面积

2. 楼地面水泥砂浆整体面层工程量计算

整体面层、找平层均按主墙间净空面积以 m^2 计算。应扣除凸出地面的构筑物、设备基础、室内铁道、地沟等所占面积，不扣除柱、垛、间壁墙、附墙烟囱及面积在 $0.3m^2$ 以内的孔洞所占面积，但门洞、空圈、散热器槽、壁龛的开口部分亦不增加。

（三）块料面层定额人工工日的计算

1. 基本工的计算依据

块料面层定额人工，依 2008 年劳动定额的相应项目进行计算，其中 $8m^2$ 小面积加工量按计算量的 30％计，即：地面面层为 $30m^2$、楼梯面层为 $30％×137＝41.1m^2$，并将时间定额乘以 0.25 系数。

块料综合用工：大理石、花岗岩、楼地面按 1.720（工日/$10m^2$）、楼梯块料按 3.170（工日/$10m^2$）、台阶 2.33（工日/$10m^2$）。

2. 材料超运距用工

超运距：砂浆按 100m、块料按 180m、中砂按 50m。

材料运输量按上所述，而中砂运输量应根据水泥砂浆配合比进行计算确定，其中：

彩釉砖地面砂运量＝1.01×0.94(配比)×1.13(砂膨胀系数)m^3＝1.073m^3

大理石楼梯砂运量＝2.76×1.03×1.13m^3＝3.212m^3

3. 人工幅度差

整个楼地面装饰工程的人工幅度差均按 10％。

定额工日具体计算如表 2-2-6、表 2-2-7 所示。

彩釉砖楼地面人工计算表　　　　　　　表 2-2-6

项目名称	计算量	单位	劳动定额编号	时间定额	工日/100m³
贴彩釉砖楼地面	10	10m²	BA0189	17.20	17.20
8m² 内小面积加工（30％）	3	10m²	1.72×0.25	0.430	1.29
刷素水泥砂	10	10m²	BA0024	0.522	5.22
砂浆超运 100m	10	10m²	08 表 1	0.277	2.77
块料超运 120m	10.2	10m²	08 表 1	0.063	0.643
中砂超运 60m	1.073	m³	08 表 1	0.103	0.111
锯口磨边	2.8	10m		0.45	1.26
小计					28.49
定额工日		（人工幅度差 10％）28.49×1.1			31.34

注：08 表 1 指的是建设工程劳动定额（LD/T 73.1～4—2008）装饰工程。

大理石楼梯人工计算表　　　　　　　表 2-2-7

项目名称	计算量	单位	劳动定额编号	时间定额	工日/100m²
贴大理石楼梯	13.65	10m²	BA0194	3.17	43.271
8m² 内小面积工（30％）	4.11	10m²	3.17×0.25	0.793	3.259

项目名称	计算量	单位	劳动定额编号	时间定额	工日/100m²
刷素水泥浆	13.7	10m²	BA0024	0.522	7.15
水泥砂浆超运100m	13.7	10m²	08表1	0.277	3.795
块料超运180m	14.5	10m²	08表1	0.063	0.914
中砂超运50m	3.212	m³	08表1	0.103	0.331
锯口磨边	11.6	10m		0.50	5.800
小计					64.52
定额工日			（人工幅度差10%）64.52×1.1		70.97

注：08表1指的是建设工程劳动定额（LD/T 73.1～4—2008）装饰工程。

（四）块料面层定额机械台班的计算

机械台班的计算式：块料面层所用机械有：灰浆搅拌机和石料切割机，计算式为：

$$灰浆搅拌机定额台班＝灰浆搅拌量÷机械台班产量$$

$$石料切割机定额台班＝取定锯口长度÷机械台班产量$$

其中机械台班产量为：灰浆搅拌机按 6（m³/台班）。

石料切割机为：大理石、预埋水磨石楼地面按 20（m/台班）、大理石楼梯按 20.34（m/台班）；花岗岩楼地面按 24（m/台班）、楼梯按 24.41（m/台班）；彩釉砖、缸砖、凸凹假麻石楼地面按 22.22（m/台班）、楼梯按 22.6（m/台班）。

依上所述，彩釉砖楼地面，砂浆搅拌量为 1.01m³；块料锯口长度由表 2-2-8 为 28m、大理石楼梯砂浆搅拌量为 2.76m³、锯口长度为 116m。则：

彩釉砖楼地面定额台班为：

$$灰浆搅拌机台班＝1.01/6＝0.17（台班）$$

$$石料切割机台班＝28/22.22＝1.26（台班）$$

大理石楼梯定额台班为：

$$灰浆搅拌机台班＝2.76/6＝0.46（台班）$$

$$石料切割机台班＝116/20.34＝5.70（台班）$$

二、楼地面装饰工程

（一）概况

《房屋建筑与装饰工程工程量计算规范》GB 50854—2013 中楼地面装饰工程共 8 节 43 个项目。包括整体面层及找平层、块料面层、橡塑面层、其他材料面层、踢脚线、楼梯面层、台阶装饰、零星装饰装饰等项目。适用于楼地面、楼梯、台阶等装饰工程。

（二）有关项目的说明

1. 零星装饰项目适用于小面积（0.5m² 以内）少量分散的楼地面装饰，其工程部位或名称应在清单项目中进行描述。

2. 楼梯、台阶牵边和侧面镶贴块料面层，不大于 0.5m² 的少量分散的楼地面镶贴块料面层，应按零星装饰项目编码列项，并在清单项目中进行描述。

3. 扶手、栏杆、栏板按其他装饰工程中的扶手、栏杆、栏板装饰的项目编码列项。

（三）有关项目特征说明

1. 楼地面是指构成的基层（楼板、夯实土基）、垫层（承受地面荷载并均匀传递给基层的构造层）、填充层（在建筑楼地面上起隔声、保温、找坡或敷设暗管、暗线等作用的构造层）、隔离层（起防水、防潮作用的构造层）、找平层（在垫层、楼板上或填充层上起找平、找坡或加强作用的构造层）、结合层（面层与下层相结合的中间层）、面层（直接承受各种荷载作用的表面层）等。

2. 垫层是指混凝土垫层、砂石人工级配垫层、天然级配砂石垫层、灰土垫层、碎石碎砖垫层、三合土垫层、炉渣垫层等材料垫层。

3. 找平层是指水泥砂浆找平层，如有比较特殊要求的可采用细石混凝土、沥青砂浆、沥青混凝土找平层等材料铺设。

4. 隔离层是指卷材、防水砂浆、沥青砂浆或防水涂料等隔离层。

5. 填充层是指轻质的松散（炉渣、膨胀蛭石、膨胀珍珠岩等）或块体材料（加气混凝土、泡沫混凝土、泡沫塑料、矿棉、膨胀珍珠岩、膨胀蛭石块和板材等）以及整体材料（沥青膨胀珍珠岩、沥青膨胀蛭石、水泥膨胀珍珠岩、膨胀蛭石等）填充层。

6. 面层是指整体面层（水泥砂浆、现浇水磨石、细石混凝土、菱苦土等面层）、块料面层（石材、陶瓷地砖、橡胶、塑料、竹、木地板）等面层。

7. 面层中其他材料：

（1）防护材料是耐酸、耐碱、耐臭氧、耐老化、防火、防油渗等材料。

（2）嵌条材料是用于水磨石的分格、作图案等的嵌条，如：玻璃嵌条、铜嵌条、铝合金嵌条、不锈钢嵌条等。

（3）压线条是指地毯、橡胶板、橡胶卷材铺设的压线条，如：铝合金、不锈钢、铜压线条等。

（4）颜料是用于水磨石地面、踢脚线、楼梯、台阶和块料面层勾缝所需配制石子浆或砂浆内加添的颜料（耐碱的矿物颜料）。

（5）防滑条是用于楼梯、台阶踏步的防滑设施，如：水泥玻璃屑、水泥钢屑、铜、铁防滑条等。

（6）地毡固定配件是用于固定地毡的压棍脚和压棍。

（7）扶手固定配件是用于楼梯、台阶的栏杆柱、栏杆、栏板与扶手相连接的固定件；靠墙扶手与墙相连接的固定件。

（8）酸洗、打蜡磨光，水磨石、菱苦土、陶瓷块料等，均可用酸洗（草酸）清洗油渍、污渍，然后打蜡（蜡脂、松香水、鱼油、煤油等按设计要求配合）和磨光。

（四）楼地面装饰工程清单工程量计算规则 GB 50854—2013

1. 水泥砂浆楼地面、现浇水磨石楼地面、细石混凝土楼地面等按设计图示尺寸以面积计算。扣除凸出地面构筑物、设备基础、室内铁道、地沟等所占面积，不扣除间壁墙及≤0.3m² 柱、垛、附墙烟囱及孔洞所占面积。门洞、空圈、暖气包槽、壁龛的开口部分不增加面积。

2. 平面砂浆找平层按设计图示尺寸以面积计算。

3. 石材楼地面、碎石材楼地面、块料楼地面等按设计图示尺寸以面积计算。门洞、空圈、暖气包槽、壁龛的开口部分并入相应的工程量内。

4. 水泥砂浆踢脚线、块料踢脚线等：

1）以平方米计量，按设计图示长度乘高度以面积计算；

2）以米计量，按延长米计算。

5. 石材楼梯面层、块料楼梯面层、拼碎块料面层等按设计图示尺寸以楼梯（包括踏步、休息平台及≤500mm 的楼梯井）水平投影面积计算。楼梯与楼地面相连时，算至梯口梁内侧边沿；无梯口梁者，算至最上一层踏步边沿加 300mm。

6. 石材台阶面、块料台阶面、拼碎块料台阶面等按设计图示尺寸以台阶（包括最上层踏步边沿加 300mm）水平投影面积计算。

7. 石材零星项目、块料零星项目等按设计图示尺寸以面积计算。

（五）工程量计算规则的说明

1. "楼地面装饰面积按饰面的净面积计算，不扣除间壁墙和面积在 0.3m² 以内的孔洞所占面积"与《基础定额》不同。

2. 单跑楼梯不论其中间是否有休息平台，其工程量与双跑楼梯同样计算。

3. 台阶面层与平台面层是同一种材料时，平台计算面层后，台阶不再计算最上一层踏步面积；如台阶计算最上一层踏步（加 30cm），平台面层中必须扣除该面积。

4. 包括垫层的地面和不包括垫层的楼面应分别计算工程量，分别编码（第五级编码）列项。

（六）有关工程内容说明

1. 有填充层和隔离层的楼地面往往有二层找平层，应注意报价。

2. 当台阶面层与找平台层材料相同而最后一步台阶投影面积不计算时，应将最后一步台阶的踢脚板面层考虑在报价内。

三、楼地面装饰工程预算编制注意事项

（一）楼地面装饰工程块料面层定额的制定

随着科学时代的不断发展和进步，楼地面装饰工程材料的改革和更新也将层出不穷，为了对楼地面装饰工程中出现的新材料、新工艺，能够让定额跟上时代的发展，以适应编制补充定额的需要，并了解定额的内容，特在本节中以"彩釉砖楼地面"面层和"大理石楼梯"面层为例，说明楼地面装饰工程定额的编制方法，以便在实际工作中有所借鉴。

（二）块料面层材料的定额计算量

楼地面装饰工程中的块料面层定额，不分规格大小，一律按平方米进行计算，块料面层材料的定额计算量，统一按以下数据取定：

1. 块料面层的计算量

楼地面按 100m²、楼梯按 136.5m²、台阶按 148m²、零星项目按 111m² 进行取定计算。

2. 材料损耗率

彩釉砖：地面为 2%、楼梯和台阶为 6%；大理石：地面为 1%、楼梯和台阶为 6%；水泥砂浆和素水泥浆均为 1%。

3. 粘结层的粘结材料厚度

按表 2-2-8 中所示统一取定。

各种块料需用锯片及粘结厚度表　　　　　表 2-2-8

定额编号	项目名称	取定锯口长（m）	每块锯片锯口长（m）	每 100m² 锯片块数	水泥砂浆结合层厚	胶粘剂粘结厚	胶粘剂用量（kg）	备注
8-50	大理石楼地面	28	80	0.35	20mm	3～5mm	600kg/100m²	
8-51	大理石楼梯	116	80	1.43	20mm			
8-52	大理石台阶	112	80	1.40	20mm			
8-53	大理石零星项目	127	80	1.59	20mm			
8-57	花岗石楼地面	28	67	1.68	20mm	3～5mm	600kg/100m²	
8-58	花岗石楼梯	116	67	1.20	20mm			
8-59	花岗石台阶	112	67	1.61	20mm			
8-60	花岗石零星项目	127	67	1.91	20mm			
8-64	汉白玉楼地面	28	80	0.35	20mm	3～5mm	600kg/100m²	
8-66	预制水磨石块楼地面	28	80	0.35	20mm	3～5mm	600kg/100m²	
8-67	预制水磨石块楼梯	116	80	1.43	20mm			
8-75	彩釉砖楼地面	28	89	0.32	10mm	2～3mm	400kg/100mm²	
8-78	彩釉砖楼梯	116	89	1.29	10mm			
8-79	彩釉砖台阶	112	89	1.26	10mm			
8-82	水泥花砖楼地面	28	80	0.35	10mm	2～3mm	400kg/100m²	
8-83	水泥花砖台阶	112	80	1.40	10mm			
8-88	缸砖楼地面	28	89	0.32	10mm	2～3mm	400kg/100m²	
8-89	缸砖楼梯	116	89	1.29	10mm			
8-90	缸砖台阶	112	89	1.26	10mm			
8-108	凸凹假麻石块楼地面	28	89	0.32	10mm			
8-109	凸凹假麻石块楼梯	116	89	1.29	10mm			
8-110	凸凹假麻石块台阶	112	89	1.26	10mm			

4．其他材料

擦缝用白水泥按 10（kg/100m²）取定、棉纱头按 1（kg/100m²）取定。养护用麻袋按 22（m²/100m²）取定、锯木屑按 0.6（m³/100m²）取定、切割锯片按表 2-2-8 取定。

5．块料面层定额材料的计算

计算式如下：

定额块料用量 ＝ 定额计算量 ×（1＋损耗率）

定额粘结材料用量 ＝ 定额计算量 × 粘结厚度 ×（1＋损耗率）

依上式计算的定额材料用量如表 2-2-9 所示。

块料面层定额材料用量计算表　　　　　　　　表 2-2-9

彩釉砖楼地面面层定额材料用量		大理石楼梯面层材料用量	
彩釉砖	$100\times1.02=102(\text{m}^2/100\text{m}^2)$	大理石	$136.5\times1.06=144.69(\text{m}^2/100\text{m}^2)$
水泥砂浆	$100\times0.01\times1.01=1.01(\text{m}^3/100\text{m}^2)$	水泥砂浆	$136.5\times0.02\times1.01=2.76(\text{m}^3/100\text{m}^2)$
素水泥浆	$100\times0.001\times1.01=0.101(\text{m}^3/100\text{m}^2)$	素水泥浆	$136.5\times0.001\times1.01=0.14(\text{m}^3/100\text{m}^2)$
白水泥	$10(\text{kg}/100\text{m}^2)$	白水泥	$1.365\times10=14(\text{kg}/100\text{m}^2)$
麻袋	$22(\text{m}^2/100\text{m}^2)$	麻袋	$1.365\times22=30.03(\text{m}^2/100\text{m}^2)$
棉纱头	$1(\text{kg}/100\text{m}^2)$	棉纱头	$1.365\times1=1.37(\text{kg}/100\text{m}^2)$
锯木屑	$0.6(\text{m}^3/100\text{m}^2)$	锯木屑	$1.365\times0.6=0.82(\text{m}^3/100\text{m}^2)$
切割切片	$0.32(\text{片}/100\text{m}^2)$		

四、楼地面装饰工程预算编制实例

【例 1】 如图 2-2-14，原混凝土楼面走道地坪，现改做大理石地坪、地坪两端高差 12cm，求（1）列出工程项目；（2）计算项目工程量。

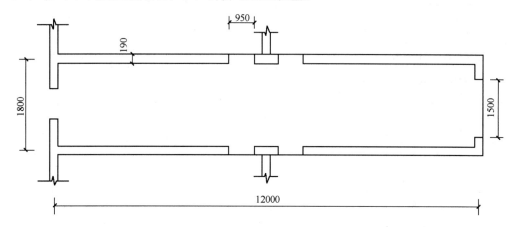

图 2-2-14　楼面走道平面图

【解】（1）该工程有如下施工项目

a. 原有地面凿毛（增强细石混凝土与原有水泥砂浆地坪结合力）

b. 浇捣细石混凝土（因不均匀沉降，新做大理石地坪前需做找平层）

c. 铺贴大理石地坪。

（2）各项目定额工程量

a. 地面凿毛 $S_1=[(12-0.19)\times(1.8-0.19)+1.5\times0.19+0.95\times0.19\times5]\text{m}^2$
$\qquad=(11.81\times1.61+0.29+0.90)\text{m}^2=20.20\text{m}^2$

b. 浇捣细石混凝土 $S_2=20.20\text{m}^2$（平均厚度 $=1/2\times0.12=0.06$，即：6cm，定额子目取定厚度 3cm，实际超厚 3cm）

细石混凝土超厚 $S_3=20.20\text{m}^2$（即每超 5mm 定额子目工料乘 6 计算）

c. 铺贴大理石地坪 $S_4=20.20\text{m}^2$

（3）大理石地坪清单工程量

$(12-0.19)\times(1.8-0.19)+1.5\times0.19+0.95\times0.19\times5=20.20\text{m}^2$

清单工程量表计算见表 2-2-10。

清单工程量计算表 | | | | 表 2-2-10

项目编码	项目名称	项目特征描述	计量单位	工程量
011101003001	细石混凝土楼地面	大理石地坪	m²	20.20

【例 2】如图 2-2-15 所示房间，清水踢脚线。求：踢脚线工程量。

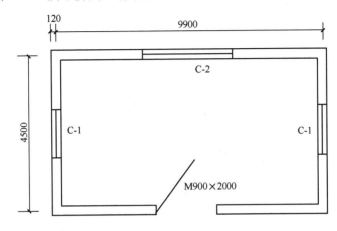

图 2-2-15　某工程平面图

【解】踢脚线定额工程量 = {[(9.9−0.12×2)+(4.5−0.12×2)]×2−0.9}m
$$= 26.94\text{m}$$
踢脚线清单工程量 = {[(9.9−0.12×2)+(4.5−0.12×2)]×2−0.9}×0.1m
$$= 2.69\text{m}^2$$

清单工程量计算见下表 2-2-11。

清单工程量计算表 | | | | 表 2-2-11

项目编码	项目名称	项目特征描述	计量单位	工程量
011105001001	水泥砂浆踢脚线	清水、高 100mm	m²	2.69

【例 3】如图 2-2-16 所示，求某办公室水泥砂浆整体面层工程量。已知该办公楼共 3 层。

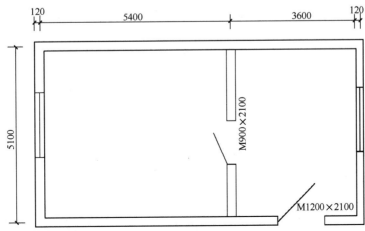

图 2-2-16　办公室水泥砂浆整体面层示意图

【解】单层整体面层定额工程量：

$(5.4+3.6-0.12\times2)\times(5.1-0.12\times2)m^2=8.76\times4.86m^2=42.57m^2$

总定额工程量$=42.57m^2\times3=127.71m^2$

套用基础定额：8-23、8-20。

注：整体面层、找平层均按主墙净空面积以m^2计算，应扣除凸出地面的构筑物、设备基础、室内铁道、地沟等所占面积，不扣除柱、垛、间壁墙、附墙烟囱及面积在$0.3m^2$以内的孔洞所占面积，但门洞、空圈、散热器槽、壁龛的开口部分亦不增加。

单层整体面层清单工程量$=(5.4+3.6-0.12\times2)\times(5.1-0.12\times2)m^2$

$=8.76\times4.86m^2$

$=42.57m^2$

总清单工程量$=42.57m^2\times3=127.71m^2$

清单工程量计算见下表2-2-12。

清单工程量计算表 表2-2-12

项目编码	项目名称	项目特征描述	计量单位	工程量
011101001001	水泥砂浆楼地面	整体面层	m^2	127.71

【例4】如图2-2-17所示，若室内贴铺木地板，求其工程量。

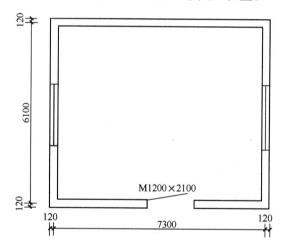

图2-2-17　某房屋平面图

【解】（1）定额工程量

$(7.3-0.24)\times(6.1-0.24)m^2=7.06\times5.86m^2=41.37m^2$

套用定额8-127。

（2）清单工程量

$(7.3-0.24)\times(6.1-0.24)m^2=7.06\times5.86m^2=41.37m^2$

清单工程量计算见下表2-2-13。

清单工程量计算表 表2-2-13

项目编码	项目名称	项目特征描述	计量单位	工程量
011101001001	水泥砂浆楼地面	水泥砂浆1：2.5	m^2	41.37

56

【例5】如图 2-2-18 所示，求某办公楼二层房间(不包括卫生间)及走廊地面整体面层工程量(做法：1：2.5 水泥砂浆面层厚 25mm，素水泥浆一道；C20 细石混凝土找平层厚 40mm；水泥砂浆踢脚线高＝150mm)。

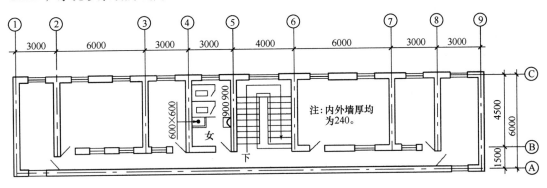

图 2-2-18　某办公楼二层示意图

【解】 按轴线序号排列进行计算：

定额工程量＝[(3−0.12×2)×(6−0.12×2)＋(6−0.12×2)×(4.5−0.12×2)＋(3−0.12×2)×(4.5−0.12×2)＋(6−0.12×2)×(4.5−0.12×2)＋(3−0.12×2)×(4.5−0.12×2)＋(3−0.12×2)×(6−0.12×2)＋(6＋3＋3＋4＋6＋3＋0.12×2)×(1.5−0.12×2)]m^2

＝136.19m^2

套用基础定额：8-23，8-20。

清单工程量＝[(3−0.12×2)×(6−0.12×2)＋(6−0.12×2)×(4.5−0.12×2)＋(3−0.12×2)×(4.5−0.12×2)＋(6−0.12×2)×(4.5−0.12×2)＋(3−0.12×2)×(4.5−0.12×2)＋(3−0.12×2)×(6−0.12×2)＋(6＋3＋3＋4＋6＋3＋0.12×2)×(1.5−0.12×2)]m^2

＝136.19m^2

清单工程量计算见下表 2-2-14。

清单工程量计算表　　　　　　　　　　　　　　　　**表 2-2-14**

项目编码	项目名称	项目特征描述	计量单位	工程量
011101001001	水泥砂浆楼地面	1：2.5 水泥砂浆，厚 25mm，C20 细石混凝土找平层厚 40mm	m^2	136.19

注：1. 水泥砂浆楼地面面层厚度与设计厚度不同时，可按 8-20 子目水泥砂浆找平层调增减，每 5mm 为一单位厚度；

　　2. 水泥砂浆配合比与设计不同时，可以换算。本例即为 1：3 水泥砂浆换为 1：2.5 水泥砂浆。

【例6】如图 2-2-18，求某办公楼二层房间（不包括卫生间）及走廊水泥砂浆踢脚线工程量（做法：水泥砂浆踢脚线，踢脚线高 150mm）。

【解】　按延长米计算：

定额工程量＝[(3−0.12×2＋6−0.12×2)×2＋(6−0.12×2＋4.5−0.12×2)×2＋(3−0.12×2＋4.5−0.12×2)×2＋(6−0.12×2＋4.5−0.12×2)×2＋

$$(3-0.12\times2+4.5-0.12\times2)\times2+(3-0.12\times2+6-0.12\times2)\times2+(6+3+3+4+6+3-0.12\times2+1.5-0.12\times2)\times2-4]\text{m}$$

$$=150.28\text{m}$$

套用基础定额：8-27。

$$清单工程量=[(3-0.12\times2+6-0.12\times2)\times2+(6-0.12\times2+4.5-0.12\times2)\times2+$$
$$(3-0.12\times2+4.5-0.12\times2)\times2+(6-0.12\times2+4.5-0.12\times2)\times2+$$
$$(3-0.12\times2+4.5-0.12\times2)\times2+(3-0.12\times2+6-0.12\times2)\times2+(6+3+3+4+6+3-0.12\times2+1.5-0.12\times2)\times2-4]\times0.15\text{m}$$

$$=22.54\text{m}^2$$

清单工程量计算见下表 2-2-15。

清单工程量计算表 表 2-2-15

项目编码	项目名称	项目特征描述	计量单位	工程量
011105001001	水泥砂浆踢脚线	高 150mm	m²	22.54

注：水泥砂浆踢脚线，定额是按高度150mm编制的，当高度超过时，材料用量可以调整，人工、机械用量不变。

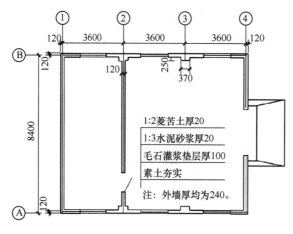

图 2-2-19 某工具室平面示意图

【例7】如图 2-2-19 所示，求某工具室地面菱苦土整体面层工程量（做菱苦土面层 25mm，1：3 混合砂浆厚 20mm，毛石灌浆垫层 M2.5 混合砂浆厚 100mm，素土夯实）。

【解】（1）定额工程量

$[(8.4-0.12\times2)\times(3.6\times3-0.12\times2)]\text{m}^2=86.17\text{m}^2$

套用基础定额：8-45。

（2）清单工程量

$[(8.4-0.12\times2)\times(3.6\times3-0.12\times2)]\text{m}^2=86.17\text{m}^2$

清单工程量计算见下表 2-2-16。

清单工程量计算表 表 2-2-16

项目编码	项目名称	项目特征描述	计量单位	工程量
011101004001	菱苦土楼地面	菱苦土面层 25mm，1：3 水泥砂浆厚 20、毛石灌浆垫层厚 100mm，M2.5 混合砂浆。	m²	86.17

毛石灌浆垫层工程量计算：

地面垫层按室内主墙间净空面积乘以设计厚度以立方米计算。应扣除突出地面的构筑物、设备基础、室内管道、地沟等所占体积，不扣除柱、垛、间壁墙、附墙烟囱及面积在 0.3m² 内孔洞所占体积。

【例8】如图 2-2-19 所示，毛石灌浆垫层工程量（做毛石灌 M2.5 混合砂浆，厚 100mm，素土夯实）。

【解】（1）定额工程量

$(8.4-0.12\times2)\times(3.6\times3-0.12\times2)\times0.1m^3=8.62m^3$

注：也可用整体面层平方米工程量乘以设计厚度。

套用基础定额：8-7。

（2）清单工程量

$(8.4-0.12\times2)\times(3.6\times3-0.12\times2)\times0.1m^3=8.62m^3$

清单工程量计算见下表 2-2-17。

清单工程量计算表　　　　　　　　　　　　　　　　表 2-2-17

项目编码	项目名称	项目特征描述	计量单位	工程量
010404001001	垫层	毛石灌 M2.5 混合砂浆垫层，厚 100mm	m³	8.62

现浇水磨石面层工程量计算：

【例 9】如图 2-2-19 所示，面层采用现浇水磨石整体面层，求其工具室地面现浇水磨石整体面层工程量。

【解】（1）定额工程量

$(8.4-0.12\times2)\times(3.6\times3-0.12\times2)m^2=86.17m^2$

套用基础定额：8-28。

（2）清单工程量

$(8.4-0.12\times2)\times(3.6\times3-0.12\times2)m^2=86.17m^2$

清单工程量计算见下表 2-2-18。

清单工程量计算表　　　　　　　　　　　　　　　　表 2-2-18

项目编码	项目名称	项目特征描述	计量单位	工程量
011101002001	现浇水磨石楼地面	1：3 水泥砂浆，厚 20mm 毛石灌浆垫层厚 180mm	m²	86.17

【例 10】如图 2-2-20 所示，求某化验室现浇水磨石面层工程量（做法：水磨石地面面层，玻璃嵌条，水泥白砂浆 1：2.5 素水泥浆一道，C10 混凝土垫层厚 60mm，素土夯实）。

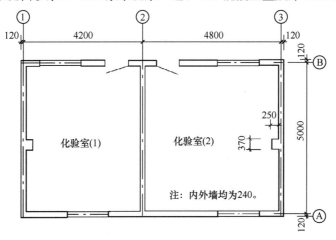

图 2-2-20　某化验室平面示意图

【解】（1）定额工程量

$[(5-0.12\times2)\times(4.2-0.12\times2)+(5-0.12\times2)\times(4.8-0.12\times2)]m^2=40.56m^2$

套用基础定额：8-29。

（2）清单工程量

$[(5-0.12\times2)\times(4.2-0.12\times2)+(5-0.12\times2)\times(4.8-0.12\times2)]m^2=40.56m^2$

清单工程量计算见下表 2-2-19。

清单工程量计算表　　　　　　　　　　　　表 2-2-19

项目编码	项目名称	项目特征描述	计量单位	工程量
011101002001	现浇水磨石楼地面	现浇水磨石地面面层，玻璃嵌条，水泥白砂浆 1∶2.5 素水泥浆一道，C10 混凝土垫层厚 60mm	m²	40.56

【例 11】如图 2-2-21 所示，求某室内预制水磨石面层工程量（门宽 2.1m）。

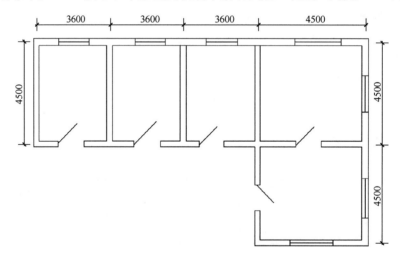

图 2-2-21　某室内预制水磨石面层示意图

【解】（1）错误解法

定额工程量＝$[(3.6\times3-0.24\times3)\times(4.5-0.24)+(4.5\times2-0.24\times2)\times(4.5-$

$0.24)]m^2$

＝$(42.94+36.30)m^2$

＝$79.24m^2$

（2）正确解法

定额工程量＝$[(3.6\times3+4.5-0.24\times4)\times(4.5-0.24)+(4.5-0.24)\times(4.5-0.24)$

$+0.24\times3\times2.1]m^2$

＝$(14.34\times4.26+4.26\times4.26+1.512)m^2$

＝$80.75m^2$

套用基础定额 8-29。

清单工程量＝$[(3.6\times3+4.5-0.24\times4)\times(4.5-0.24)+(4.5-0.24)\times(4.5-0.24)$

$+0.24\times3\times2.1]m^2$

$$=(14.34\times4.26+4.26\times4.26+1.512)m^2$$
$$=80.75m^2$$

清单工程量计算见下表 2-2-20。

清单工程量计算表

表 2-2-20

项目编码	项目名称	项目特征描述	计量单位	工程量
011102003001	块料楼地面	水磨石	m²	80.75

【例 12】如图 2-2-20 所示，预制水磨石踢脚线工程量。

【解】（1）定额工程量

$(5-0.12\times2+4.2-0.12\times2)\times2+(5-0.12\times2+4.8-0.12\times2)\times2m=36.08m$

套用基础定额：8-69。

（2）清单工程量

$[(5-0.12\times2+4.2-0.12\times2)\times2+(5-0.12\times2+4.8-0.12\times2)\times2]\times0.15m^2$
$=5.41m^2$

清单工程量计算见下表 2-2-21。

清单工程量计算表

表 2-2-21

项目编码	项目名称	项目特征描述	计量单位	工程量
011105003001	块料踢脚线	水磨石	m²	5.41

【例 13】如图 2-2-22 示，求某办公楼四层楼梯水磨石面层工程量。

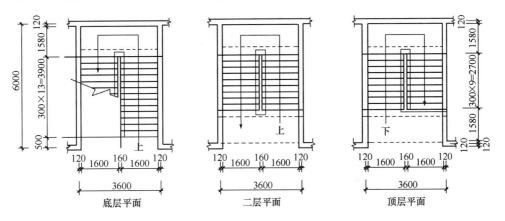

图 2-2-22 某办公楼四层示意图

【解】根据图可以看出，底层平面踏步比标准层踏步多 4 步，工程量求解如下：

定额工程量$=(13-9)\times0.3\times1.6m^2=1.92m^2$

楼梯面层定额工程量$=[(3.6-0.12\times2)\times(6-0.12\times2)\times3+1.92]m^2=59.98m^2$

套用基础定额：8-33。

楼梯面层清单工程量$=[(3.6-0.12\times2)\times(6-0.12\times2)\times3+(13-9)\times0.3\times$
$$1.6]m^2$$
$$=59.98m^2$$

清单工程量计算见下表 2-2-22。

清单工程量计算表　　　　　　　　　　　　　　　表 2-2-22

项目编码	项目名称	项目特征描述	计量单位	工程量
011106005001	现浇水磨石楼梯面层	水磨石	m²	59.98

【例 14】如图 2-2-23、图 2-2-24 所示，求台阶面层工程量（做法为 1：2.5 水泥砂浆厚 20、素水泥一道）。

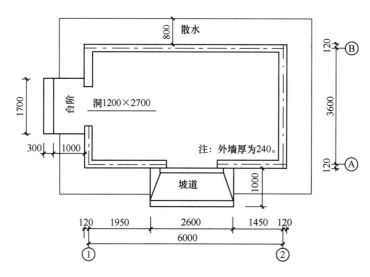

图 2-2-23　台阶、坡道、散水平面示意图（外墙厚 240mm）

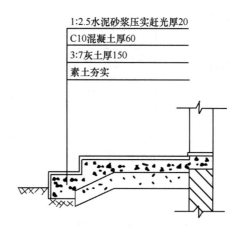

图 2-2-24　某混凝土台阶示意图

【解】（1）定额工程量

$$1.7 \times (0.3 + 0.3) \mathrm{m}^2 = 1.02 \mathrm{m}^2$$

套用基础定额：8-25。

注：（1）按水平投影面积计算，台阶算至最上一步再加 300mm，其他部分按地面垫层计算。

（2）水磨石台阶面层工程量计算与混凝土台阶水泥砂浆面层工程量计算相同。套定额子目不同。

（2）清单工程量

$$1.7 \times (0.3 + 0.3) \mathrm{m}^2 = 1.02 \mathrm{m}^2$$

清单工程量计算见表 2-2-23。

清单工程量计算表　　　　　　　　　　　　　表 2-2-23

项目编码	项目名称	项目特征描述	计量单位	工程量
011107004001	水泥砂浆台阶面	1：2.5 水泥砂浆，厚 20，素水泥一道	m²	1.02

【例 15】某坡道水平投影长是 2.6m，宽 1m，如图 2-2-25 所示，求混凝土坡道水泥砂浆面层工程量。

【解】按水平投影面积计算：

定额工程量＝2.6×1m²＝2.60m²

套用基础定额：8-44。

清单工程量＝2.6×1m²＝2.60m²

清单工程量计算见表 2-2-24。

清单工程量计算表　　　　　　　　　　　　　表 2-2-24

项目编码	项目名称	项目特征描述	计量单位	工程量
011101001001	水泥砂浆坡道	坡道：1：2 水泥砂浆抹面厚 20；C10 混凝土厚 80；3：7 灰土厚 150	m²	2.60

【例 16】如图 2-2-26 所示，求混凝土为 C10，面层为一次性抹光散水的工程量。

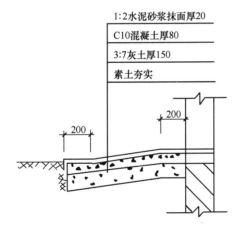

图 2-2-25　混土坡道示意图

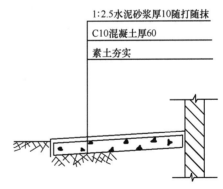

图 2-2-26　混凝土散水、面层随打随抹示意图

【解】散水工程量计算公式：

散水定额工程量＝(建筑物外边周长＋4×散水宽－台阶－坡道)×散水宽

工程量＝[(6＋0.12×2)×2＋(3.6＋0.12×2)×2＋0.8×4－2.6－1.7]×0.8m²
　　　　＝15.25m²

套用基础定额：8-43。

清单工程量＝[(6＋0.12×2)×2＋(3.6＋0.12×2)×2＋0.8×4－2.6－1.7]×0.8m²
　　　　＝15.25m²

清单工程量计算见表 2-2-25。

清单工程量计算表　　　　　　　　　　　　表 2-2-25

项目编码	项目名称	项目特征描述	计量单位	工程量
011101001001	水泥砂浆散水	散水：1：2 水泥砂浆厚 10；随打随抹 C10 混凝土厚 60；	m²	15.25

【例 17】 如图 2-2-27 所示，求某建筑大理石楼梯面层工程量。

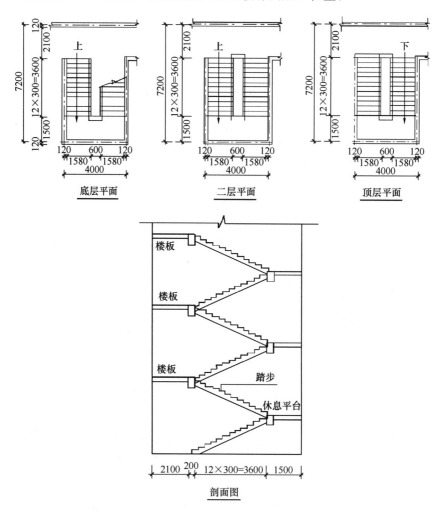

图 2-2-27　某调度楼四层建筑示意图

【解】 按水平投影面积计算：

楼梯净长＝[1.5－0.12＋12(步)×0.3＋0.2(梁宽)]m＝5.18m

楼梯净宽＝(4－0.12×2)m＝3.76m

楼梯井＝3.6×0.6m²＝2.16m²

楼梯层数＝4－1 层＝3 层

定额工程量＝(5.18×3.76－2.16)×3m²＝51.95m²

注：楼梯井宽大于 500 应扣除，本楼梯井宽 600，应扣除楼梯井面积。

套用基础定额：8-51。

清单工程量＝(5.18×3.76－2.16)×3m²＝51.95m²

清单工程量计算见表 2-2-26。

清单工程量计算表 表 2-2-26

项目编码	项目名称	项目特征描述	计量单位	工程量
011106001001	石材楼梯面层	大理石	m²	51.95

【例18】如图 2-2-28 所示，求某办公楼卫生间地面镶贴马赛克面层工程量。

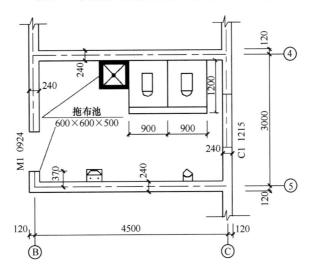

图 2-2-28 卫生间示意图

【解】(1) 定额工程量

[(3－0.12×2)×(4.5－0.12×2)－1.2×1.8(蹲台)－0.6×0.6(拖布池)＋0.9×0.12(门洞)＋1.2×0.12(暖气包槽)]m²＝9.49m²

套用基础定额：8-95。

注：按图示尺寸实铺面积计算，应扣除蹲台、拖布池所占面积。

(2) 清单工程量

[(3－0.12×2)×(4.5－0.12×2)－1.2×1.8(蹲台)－0.6×0.6(拖布池)＋0.9×0.12(门洞)＋1.2×0.12(暖气包槽)]m²＝9.49m²

清单工程量计算见表 2-2-27。

清单工程量计算表 表 2-2-27

项目编码	项目名称	项目特征描述	计量单位	工程量
011102003001	块料楼地面	卫生间地面镶贴马赛克	m²	9.49

【例19】如图 2-2-29 示，门厅贴有大理石地面面层，试求大理石面层工程量。

【解】(1) 清单工程量

按设计图示尺寸以面积(m²)计算

工程量＝[(6－0.24)×6.0－0.24/2×(6－0.36)]m²＝33.88m²

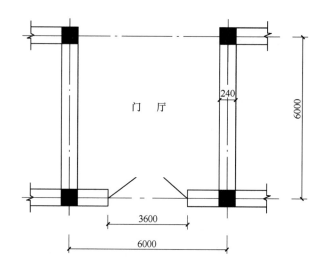

图 2-2-29　门厅贴大理石地面面层示意图

【注释】6 为门厅的长度与宽度，3.6 为门宽，0.24 为墙厚。

清单工程量计算见表 2-2-28。

清单工程量计算表　　　　　　　　　　　　　　　　表 2-2-28

项目编码	项目名称	项目特征描述	计量单位	工程量
011102001001	石材楼地面	大理石	m^2	33.88

说明：工作内容包括：①基层清理；②抹找平层；③面层铺设、磨边；④嵌缝；⑤刷防护材料；⑥酸洗、打蜡；⑦材料运输。

（2）定额工程量同清单工程量。

大理石面层工程量按实铺面积计算，加门洞开口部分面积。

$S = 33.88 m^2$

套用基础定额 8-50。

【例 20】如图 2-2-30 所示，求某微机室和仪表间木踢脚线工程量（已知：木踢脚线高 150mm）。

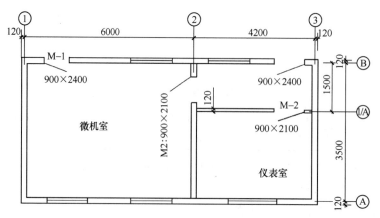

图 2-2-30　微机室、仪表室平面示意图

【解】（1）定额工程量

$[(6-0.12\times2+5-0.12\times2)\times2+(4.2-0.12\times2+1.5-0.12-0.06)\times2+(4.2-0.12\times2+3.5-0.12-0.06)\times2]m=46.16m$

套用基础定额：8-137。

（2）清单工程量

$[(6-0.12\times2+5-0.12\times2)\times2+(4.2-0.12\times2+5-0.12-0.06)\times2+(4.2-0.12\times2+3.5-0.12-0.06)\times2]\times0.15m^2=6.92m^2$

清单工程量计算见表 2-2-29。

清单工程量计算表　　　　　　　　　　表 2-2-29

项目编码	项目名称	项目特征描述	计量单位	工程量
011105005001	木质踢脚线	木踢脚线高 150mm	m²	6.92

第三节　墙、柱面装饰与隔断、幕墙工程

一、墙、柱面工程造价概论

（一）定额项目内容及定额换算

本分部定额项目内容包括：一般抹灰、墙柱面抹灰、镶贴块料面层和墙柱面装饰。

（1）墙柱面抹灰

墙柱面抹灰又分为普通抹灰、中级抹灰和高级抹灰。抹灰一般由底层、中层、面层三层组成。使用较多的是普通抹灰和中级抹灰，高级抹灰适用于豪华住宅或有特殊使用要求的建筑。

普通抹灰是一遍底层、一遍面层，两遍成活，要求分层找平、修整、表面压光。适用于简易住宅、大型设施和非居住的房屋以及建筑物的地下室、储藏室等。

中级抹灰是一遍底层，一遍中层和一遍面层，三遍成活，要求阳角找方、设置标筋、分层找平、修整、表面压光。适用于一般住宅、公用的工业房屋以及高级建筑物中的附属房屋。

高级抹灰是一遍底层，多遍中层和一遍面层，多遍成活，要求阳角找方、设置标筋、分层找平、修整、表面压光。灰线平直方正、清晰美观。它适用于大型公共建筑物、纪念性建筑以及有特殊使用要求的高级建筑。

按定额项目又可分为：石灰砂浆、水泥砂浆、防水砂浆、白水泥砂浆、聚合物水泥砂浆等。

装饰抹灰施工时应该注意：

1）材料：所有材料必须符合设计要求，并经验收合格后方可使用；同一部位应使用同一品牌的材料，以保持质感一致。

2）基层：抹灰前应清除表面的油污并湿润。

3）分格缝及施工缝：分格缝宽度应一致，并保持横平竖直。

（2）墙柱面镶贴块料面层

1）挂贴大理石面层：大理石板材规格取定 500mm×500mm，其构造为：刷素水泥浆一道，5cm 厚 1∶2.5 水泥砂浆灌缝、墙面顶埋 300mm 长 φ6 钢筋勾，钢筋勾与焊接双向钢筋网（双向 φ6 间距 500mm）连接，大理石板通过钢丝绑扎在双向钢筋网上。

2）干挂大理石：墙面块材规格取 600mm×600mm，柱面块材规格取 400mm×600mm，每块大理石板钉膨胀螺栓 4 颗，麻丝快硬水泥涂膨胀螺栓为 60mm×60mm×6mm，合金钻头每 80 颗膨胀栓用一个。

3）预制水磨石板、花岗石贴面：均同大理石。仅材料品种不一样。

4）汉白玉：规格均为 400mm×400mm，挂贴汉白玉墙面，混凝土墙面钉膨胀螺栓双向间距 400 砖墙面采用 φ6 长 300mm 钢筋预埋，大于 φ6 间距为 200mm 双向，钢筋网和膨胀螺栓焊接，用铜丝把汉白玉面层绑在钢筋网上，板与墙面之间灌 1∶2.5 水泥砂浆 50mm 厚。

5）凸凹假麻石块，规格均取定 197mm×76mm，砂浆粘贴：墙面刷素水泥浆 1 道 1mm 厚，12mm 厚 1∶3 水泥砂浆打底，6mm 厚 1∶2 水泥砂浆结合层凸凹假麻石块。干粉型粘贴结剂粘贴：墙面刷素水泥浆一道 1mm 厚，12mm 厚 1∶3 水泥浆打底，用干粉型粘结剂 4kg/m²，粘贴凸凹假麻石块。

6）陶瓷锦砖，砂浆粘贴墙面：墙面上刷素水泥浆一道 1mm 厚（内掺水泥重量的 4% 的 108 胶）、12mm 厚 1∶3 水泥砂浆打底、3mm 厚 1∶1.2 混合砂浆（内掺 108 胶按水泥重 4%）结合层粘贴 5mm 厚马赛克。干粉型粘结剂贴墙面：与砂浆粘墙面不同之处，仅为结合层采用干粉型粘结剂 4kg/m²。

7）玻璃马赛克；砂浆粘贴墙面：14mm 厚 1∶3 水泥砂浆打底，8mm 厚 1∶0.2∶2 混合砂浆（掺水泥重 4% 的 108 胶）结合层贴玻璃马赛克（贴时背面刷 1mm 厚素白水泥浆）。

8）釉面砖：面砖规格均取定为 150mm×75mm。砂浆粘贴釉面砖密缝：8mm 厚 1∶3 水泥砂浆打底，刷素水泥浆一道，1mm 厚（内掺 108 胶按水泥重 4%）、12mm 厚 1∶0.2∶2 混合砂浆结合层粘贴釉面砖。

9）劈离砖又叫劈裂砖、劈开砖或双合砖，它是将原料粉碎后经炼炉真空挤压成型，干燥后高温烧结而成。产品具有均匀的粗糙表面，古朴高雅的风格，耐久性好，广泛的用于地面和外墙装饰。

劈离砖的特点：①原料来源广；②生产工艺简单，效率高；③产品规格多，适用面广；④产品性能优良；⑤节省能源；⑥劳动环境条件好。施工工艺为：清理基层→基层找平→铺设→勾缝清洁。

10）金属面砖是一种金属饰面材料，它是由金属材料经锯切加工而成的一种饰面块材，金属面砖硬度高、安装坚固安全，又因其安装简便、耐久性好，故建筑中使用较多，由于金属砖的质感简捷而挺拔，光泽好，另有特殊的艺术风韵，但造价较高，多用于一些考究的公共建筑装饰。

金属面砖规格为 60mm×240mm，砂浆粘贴金属面砖墙：8mm 厚 1∶2 水泥砂浆打底，底层上刷素水泥浆一道 1mm 厚（内掺 108 胶按水泥重 4%），12mm 厚 1∶0.2∶2 混合砂浆结合层贴金属面砖。

（3）墙、柱面装饰

1）木龙骨：即用木材做成的龙骨。木龙骨断面在 7.5cm² 以内时取定为 25mm×30mm；断面在 13cm² 以内时取定为 30mm×40mm；断面在 20cm² 以内时取定为 40mm×45mm；断面在 30cm² 以内时取定为 50mm×55mm；断面在 45cm² 以内时取定为 60mm×65mm。

木龙骨基层按双向计算，双向是指在横、竖两个方向上设有龙骨，即：横龙骨和竖龙骨。单向则是指只有一个方向上设置龙骨，如果实际工程中，木龙骨设计为单向时，其材料、人工应分别乘以系数 0.55 来调整。

2）玻璃幕墙：幕墙是装饰于建筑物外表的非承重墙。一般最为常用的是玻璃幕墙。

建筑玻璃是应用于建筑工程中的玻璃的总称。主要作用有：采光、装饰、遮阳、隔声、控制光线、调节热量、降低建筑结构自重、防辐射等。

玻璃幕墙是装饰于建筑物的外表，如同罩在建筑物外的一层薄薄的帷幕，可以说是传统的玻璃窗被无限扩大，以至形成外壳，其主要部分的构造可分为两个方面：一是饰面的玻璃，二是固定玻璃的骨架。只有将玻璃与骨架连结，玻璃才能形成幕墙。

3）硬木板条墙裙，硬木条吸音内墙面：硬木板条墙面墙裙：板条厚取 18mm，35mm×18mm、125mm×18mm 两板条通过企口连接组成规格 150mm×18mm 单元，单元与单元之间间距 150mm，企口连成整板。硬木吸音内墙面：硬木条规格取 20mm×50mm，间距 65mm 钉贴。

4）圆柱不锈钢饰面，木龙骨贴不锈钢面：规格为 40mm×45mm，纵横间距均为450mm，木龙骨上钉夹板，夹板上包不锈钢饰面板。钢龙骨上贴不锈钢板：竖向龙骨采用角钢∟63mm×40mm×4mm，间距为 450mm，横向龙骨采用扁钢 63mm×4mm，间距为880mm，龙骨上包 2mm 厚钢板，钢板上包不锈钢饰面。

5）玻璃砖隔断：玻璃砖规格 190mm×190mm×80mm，计算选定构造：型钢骨架一竖向立柱采用槽钢 65mm×40mm×4.8mm，间距为 800mm，横向外框采用扁钢 65mm×5mm。玻璃砖用 1：2 白水泥白石子浆夹彻在槽钢两翼缘中间，横竖向沿灰缝均采用 φ6 间距 195mm 拉结。

（4）一般抹灰

一般抹灰按定额项目又可分为：石灰砂浆、水泥砂浆、混合砂浆和其他砂浆

一般抹灰的工作内容包括：1）清理、修补、湿润基层表面、堵墙眼、调运砂浆、清扫落地灰。2）分层抹灰找平、刷浆、洒水湿润、罩面压光（包括门窗洞口侧壁以及护角线抹灰）。一般分为内墙面抹灰，外墙面抹灰，墙裙抹灰，独立柱面抹石灰砂浆、零星项目抹灰等。

石灰砂浆的抹灰层，应待前一层 7～8 成干后方可抹后一层、水泥砂浆和混合砂浆的抹灰层，应待前一层抹灰层凝结后才能涂抹后一层。

（二）墙柱面工程量计算

1. 墙、柱面抹灰工程量

墙、柱面抹灰工程量按垂直投影面积以平方米（m²）计算，应扣除门窗洞口及0.3m² 以上的孔洞所占的面积，不扣除踢脚线、墙与构件接触面积，门、窗洞口和空圈的侧壁面积不另增加，墙垛、附墙烟囱侧壁面积并入相应的子目内计算。

2. 内墙、内墙裙抹灰工程量

内墙抹灰面积，应扣除门窗洞口和空圈所占的面积不扣除踢脚板、挂镜线、0.3m² 以内的孔洞和墙与构件交接处的面积，洞口侧壁和顶面亦不增加。墙垛和附墙烟囱侧壁面积与内墙抹灰工程量合并计算。

内墙面抹灰高度确定如下：

（1）无墙裙的，其高度按室内地面或楼面至天棚底面之间距离计算。

（2）有墙裙的，其高度按墙裙顶至天棚底面之间距离计算。

（3）钉板天棚的内墙面抹灰，其高度按室内地面或楼面至天棚底面另加 100mm 计算。

二、墙、柱面装饰与隔断、幕墙工程编制注意事项

（一）墙柱面装饰与隔断、幕墙工程块料面层定额的制定

本章包括墙面抹灰、柱（梁）面抹灰、零星抹灰、墙面块料面层、柱（梁）面镶贴块料、镶贴零星块料，墙饰面、柱（梁）饰面、幕墙工程、隔断等工程。适用于一般抹灰、装饰抹灰工程。

（二）有关项目说明

1. 一般抹灰包括：石灰砂浆、水泥混合砂浆、水泥砂浆、聚合物水泥砂浆、膨胀珍珠岩水泥砂浆和麻刀灰、纸筋石灰、石膏灰等。

2. 装饰抹灰包括：水刷石、水磨石、斩假石（剁斧石）、干粘石、假面砖、拉条灰、拉毛灰、甩毛灰、扒拉石、喷毛石、喷涂、喷砂、滚涂、弹涂等。

3. 柱面抹灰项目、石材柱面项目、块料柱面项目适用于矩形柱、异形柱（包括圆形柱、半圆形柱等）。

4. 零星抹灰和零星镶贴块料面层项目适用于小面积（0.5m²）以内少量分散的抹灰和块料面层。

5. 设置在隔断、幕墙上的门窗，可包括在隔墙、幕墙项目报价内，也可单独编码列项，并在清单项目中进行描述。

6. 主墙的界定以"建筑工程工程量清单项目及计算规则"解释为准。

（三）有关项目特征说明

1. 墙体类型指砖墙、石墙、混凝土墙、砌块墙以及内墙、外墙等。

2. 底层、面层的厚度应根据设计规定（一般采用标准设计图）确定。

3. 勾缝类型指清水砖墙、砖柱的加浆勾缝（平缝或凹缝），石墙、石柱的勾缝（如：平缝、平凹缝、平凸缝、半圆凹缝、半圆凸缝和三角凸缝等）。

4. 块料饰面板是指石材饰面板（天然花岗石、大理石、人造花岗石、人造大理石、预制水磨石饰面板等），陶瓷面砖（内墙彩釉面瓷砖、外墙面砖、陶瓷锦砖、大型陶瓷锦面板等），玻璃面砖（玻璃锦砖、玻璃面砖等），金属饰面板（彩色涂色钢板、彩色不锈钢板、镜面不锈钢饰面板、铝合金板、复合铝板、铝塑板等），塑料饰面板（聚氯乙烯塑料饰面板、玻璃钢饰面板、塑料贴面饰面板、聚酯装饰板、复塑中密度纤维板等），木质饰面板（胶合板、硬质纤维板、细木工板、刨花板、建筑纸面草板、水泥木屑板、灰板条等）。

5. 挂贴方式是对大规格的石材（大理石、花岗石、青石等）使用先挂后灌浆的方式

固定于墙、柱面。

6. 干挂方式是指直接干挂法和间接干挂法两种，其中直接干挂法是通过不锈钢膨胀螺栓、不锈钢挂件、不锈钢连接件、不锈钢钢针等，将外墙饰面板连接在外墙墙面；间接干挂法是指通过固定在墙、柱、梁上的龙骨和各种挂件固定外墙饰面板。

7. 嵌缝材料指嵌缝砂浆、嵌缝油膏、密封胶封水材料等。

8. 防护材料指石材等防碱背涂处理剂和面层防酸涂剂等。

9. 基层材料指面层内的底板材料，如木墙裙、木护墙、木板隔墙等，在龙骨上，粘贴或铺钉一层加强面层的底板。

（四）有关工程量计算说明

1. 墙面抹灰不扣除与构件交接处的面积，是指墙与梁的交接处所占面积，不包括墙与楼板的交接。

2. 外墙裙抹灰面积，按其长度乘以高度计算。是指按外墙裙的长度。

3. 柱的一般抹灰和装饰抹灰及勾缝，以柱断面周长乘以高度计算，柱断面周长是指结构断面周长。

4. 装饰板柱（梁）面按设计图示外围饰面尺寸乘以高度（长度）以面积计算。外围饰面尺寸是饰面的表面尺寸。

5. 带肋全玻璃幕墙是指玻璃幕墙带玻璃肋，玻璃肋的工程量应合并在玻璃幕墙工程量内计算。

（五）有关工程内容说明

1. "抹面层"是指一般抹灰的普通抹灰（一层底层和一层面层或不分层一遍成活），中级抹灰（一层底层、一层中层和一层面层或一层底层、一层面层），高级抹灰（一层底层、数层中层和一层面层）的面层。

2. "抹装饰面"是指装饰抹灰（抹底灰、涂刷 108 胶溶液、刮或刷水泥浆液、抹中层、抹装饰面层）的面层。

三、墙、柱面工程预算编制实例

【例 1】已知：水泥密度 $1200 kg/m^3$，砂子密度 $1550 kg/m^3$，砂子相对密度 2.65。试求水泥石灰砂浆 1：0.3：4 的每立方米材料用量。

【解】代入公式：

$$砂子空隙率 = \left(1 - \frac{砂子密度}{砂子相对密度}\right) \times 100\% = \left(1 - \frac{1550}{2650}\right) \times 100\% = 41\%$$

$$砂子用量 = \frac{砂子比例数}{配合比总的比例数 - 砂子比例数 \times 砂子空隙率}$$

$$= \frac{4}{(1+0.3+4) - 4 \times 0.41} m^3$$

$$= 1.09 m^3（因 1.09 m^3 > 1.0 m^3，取定为 1.0 m^3）$$

$$水泥用量 = \frac{水泥比例数 \times 水泥密度}{砂子比例数} \times 砂子用量 = \frac{1 \times 1200}{4} \times 1 kg = 300 kg$$

$$石灰膏用量 = \frac{石灰膏的比例数}{砂子比例数} \times 砂子用量 = \frac{0.3}{4} \times 1 m^3 = 0.075 m^3$$

纯水泥浆用料量计算（净用量）：

一般纯水泥浆的用水量按水泥质量的 35％ 计算。水泥密度 1200kg/m³，相对密度 3.1。

$$水灰比 = \frac{水的质量比 \times 水泥密度}{水的密度} = \frac{0.35 \times 1200}{1000} = 0.42$$

$$虚体积系数 = \frac{1}{1+0.42} = 0.7042$$

$$收缩后的水泥净体积 = 虚体积系数 \times \frac{水泥密度}{水泥相对密度} = 0.7042 \times \frac{1200}{3100}m³ = 0.2725m³$$

$$收缩后的水净体积 = 0.7042 \times 0.42m³ = 0.2958m³$$

$$收缩后的总体积 = (0.2725 + 0.2958)m³ = 0.5683m³$$

$$实体积系数 = \frac{1}{(1+水灰比) \times 收缩后总体积} = \frac{1}{(1+0.42) \times 0.5683} = 1.2392$$

$$水泥用量 = 实体积系数 \times 水泥密度 = 1.2392 \times 1200kg = 1487.04kg$$

$$用水量 = 实体积系数 \times 水灰比 = 1.2392 \times 0.42m³ = 0.5205m³$$

麻刀(纸筋)石灰膏用料量计算(净用量)：

麻刀石灰膏或纸筋石灰膏均按以 1.0m³ 石灰膏计算，另掺加麻刀 12kg 或纸筋 37kg 计算。

石灰麻刀砂浆和水泥石灰麻刀砂浆均可按"一般抹灰砂浆的计算公式"进行计算，另掺加麻刀 16.4kg。

石灰膏浆用料量计算(净用量)：

石膏粉的密度可按 1000kg/m³ 计算，相对密度 2.75，加水量 80％。

每立方米石灰膏浆一般掺加纸筋 26kg，每公斤纸筋折合体积 0.0011m³，共折合 0.0286m³。

$$水灰比 = \frac{水的质量 \times 石膏料密度}{水的密度} = \frac{0.8 \times 1000}{1000} = 0.80$$

$$虚体积系数 = \frac{1}{1+0.8} = 0.556$$

$$收缩后的石膏粉净体积 = 0.556 \times \frac{1.0}{2.75}m³ = 0.202m³$$

$$收缩后的水净体积 = 0.556 \times 0.80(水灰比)m³ = 0.445m³$$

$$收缩后的总体积 = (0.202 + 0.445)m³ = 0.647m³$$

$$实体积系数 = \frac{1}{(1+水灰比) \times 收缩后总体积} = \frac{1}{(1+0.8) \times 0.647} = 0.858$$

$$石膏粉用量 = (0.858 - 0.0286) \times 1000kg = 829kg$$

【例2】如图 2-3-1 所示墙内侧面做花式切片板墙裙，做法为木龙骨（木骨架）夹板基层上粘贴花式切片板。墙裙高度 900mm（半窗台）。门框料断面 75mm×100mm，试求其工程量。

【解】(1)定额工程量

$[(3.6 \times 2 - 0.24 - 0.12) \times 4 + (7 - 0.24 \times 2) \times 4 - 1 - 0.9 \times 2 - 0.8 \times 4 + (0.24 - 0.1) \times 2 + 0.24 \times 2 + (0.12 - 0.1) \times 4] \times 0.9m² = 43.45m²$

【注释】3.6×2 为外墙中心线长，0.24 为墙厚，0.12 为半墙厚。7 为外墙中心线宽。

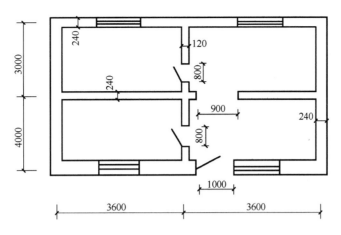

图 2-3-1　某房间示意图

4 为外墙内侧两面和内墙两面。0.9 为横向内墙门洞口宽，0.8 为纵向内墙门洞口宽。
(0.24－0.1)×2 为外墙门洞口增加的墙内墙裙的面积，0.24×2 为横向内墙门洞口增加
的墙内墙裙的面积，(0.12－0.1)×4 为纵向内墙门洞口增加的墙内墙裙的面积。

套用消耗量定额 2-230。

（2）清单工程量计算同定额工程量。

清单工程量计算见表 2-3-1。

清单工程量计算表　　　　　　　　　　　　　　　表 2-3-1

项目编码	项目名称	项目特征描述	计量单位	工程量
011207001001	墙面装饰板	墙内侧面做花式切片板墙裙，做法为木龙骨夹板基层上粘贴花式切片板	m²	43.45

【例 3】如图 2-3-2 所示，试求轻质钢隔墙工程量。

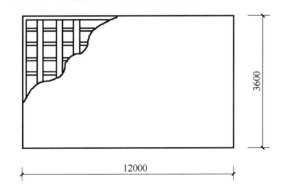

图 2-3-2　钢隔墙示意图

【解】轻钢龙骨隔墙定额工程量计算：

定额工程量＝12×3.6m²＝43.20m²

【注释】12 为隔墙长，3.6 为隔墙高。

套用消耗量定额 2-182。

清单工程量计算同定额工程量计算。

清单工程量计算见表 2-3-2。

项目编码	项目名称	项目特征描述	计量单位	工程量
011210002001	金属隔断	轻质钢隔墙	m²	43.20

【例 4】如图 2-3-3 所示，根据图示尺寸和有关条件计算正立面外墙浅色水刷石装饰工程量（腰线、窗台线宽 120mm）。

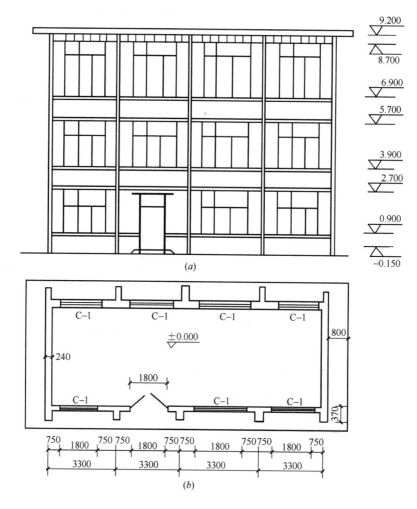

图 2-3-3 某建筑示意图

(a) 立面图；(b) 平面图

【解】（1）计算门窗面积

C-1 窗面积＝1.80×1.80×11m²＝35.64m²

【注释】1.8 为窗高，1.8 为窗宽，11 为个数。

M-2 门面积＝2.70×1.80×1m²＝4.86m²

【注释】2.7 为门宽，1.8 为门高，1 为个数。

（2）外墙水刷石

定额工程量＝{(9.20＋0.15)×(13.20＋0.24)−(35.64＋4.86)＋(9.20＋0.15)×

(0.37−0.12)×8−[(3.30−0.24)×4×5−1.80]×0.12}m²

＝96.74m²

【注释】(9.20＋0.15)为建筑物立面高。(13.20＋0.24)为正立面墙长，0.24为墙厚。35.64为窗户的面积，4.86为门的面积。(9.20＋0.15)×(0.37−0.12)×8为墙垛侧面的面积，(0.37−0.12)为墙垛的侧面宽，8为墙垛的侧面个数。[(3.30−0.24)×4×5−1.80]×0.12为窗台线的面积，(3.30−0.24)为两个墙垛间的净距离。1.8为窗宽，0.12为窗台线宽。

套用消耗量定额2-005。

清单工程量计算同定额工程量。

清单工程量计算见表2-3-3。

清单工程量计算表　　　　　　　　　　　表2-3-3

项目编码	项目名称	项目特征描述	计量单位	工程量
011201002001	墙面装饰抹灰	浅色水刷石	m²	96.74

【例5】木骨架半玻璃如图2-3-4所示，木骨架间距500mm×800mm，断面尺寸45mm×60mm，玻璃采用4mm厚磨砂玻璃，门扇为胶合板无玻璃门窗，面板采用装饰三合板，木骨架及门扇刷硝基清漆8遍，磨返出光。下部砖墙为M5混合砂浆砌筑240mm墙，双面贴300mm×200mm瓷砖，这种隔墙共10道，试求其综合工程量。

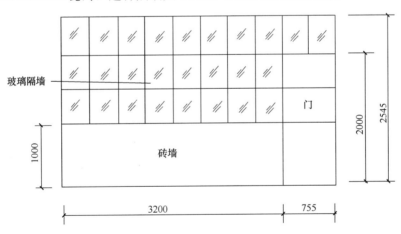

图2-3-4　玻璃隔墙示意图

【解】(1)木骨架半玻璃墙

定额工程量＝(3.955×2.545−3.2×1.0−0.755×2.0)×10m²＝53.55m²

【注释】3.955为墙长，2.545为墙高，3.2×1.0为砖墙的面积，3.2为砖墙的宽，1.0为砖墙的高。0.755×2.0为门的面积，0.755为门宽，2.0为门高。10为墙的个数。

套用消耗量定额2-231。

清单工程量计算同定额工程量。

(2)M5混合砂浆砌筑240砖墙

定额工程量＝1×3.2×0.24×10m²＝7.68m²

【注释】1为砖墙高，3.2为砖墙长，0.24为墙厚。10为个数。

套用基础定额4-4。

清单工程量计算同定额工程量。

（3）下部砖墙贴瓷砖

定额工程量=(1.0×3.2×2+0.24×1.0+0.24×3.2)×10m² =74.08m²

【注释】1.0×3.2×2为砖墙的里面面积。1.0为砖墙高，3.2为砖墙长。0.24×1.0为砖墙的侧立面面积。0.24×3.2为砖墙顶面面积。10为墙的个数。

套用消耗量定额2-116。

清单工程量计算同定额工程量。

清单工程量计算见表2-3-4。

清单工程量计算表 表2-3-4

序号	项目编码	项目名称	项目特征描述	计量单位	工程量
1	011209001001	带骨架幕墙	木骨架间距500mm×800mm，断面尺寸45mm×60mm，玻璃采用4mm厚磨砂玻璃	m²	53.55
2	011201001001	墙面一般抹灰	M5混合砂浆砌筑	m²	7.68
3	011204003001	块料墙面	双面贴300mm×200mm瓷砖	m²	74.08

【例6】如图2-3-5所示，试求墙面铺龙骨，胶合板基层面层工程量。

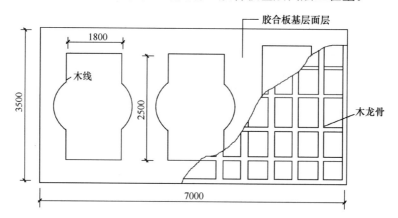

图2-3-5 某墙面示意图

【解】（1）定额工程量

木龙骨定额工程量=7×3.5m² =24.50m²

【注释】7为墙长，3.5为墙高。

套用消耗量定额2-167。

胶合板基层定额工程量=7×3.5m² =24.50m²

【注释】7为墙长，3.5为墙高。

套用消耗量定额2-188。

胶合板面层定额工程量=7×3.5m² =24.50m²

【注释】7 为墙长，3.5 为墙高。

套用消耗量定额 2-209。

（2）清单工程量计算同定额工程量。

清单工程量计算见表 2-3-5。

清单工程量计算表　　　　　　　　　　　　　　表 2-3-5

项目编码	项目名称	项目特征描述	计量单位	工程量
011207001001	墙面装饰板	墙面铺龙骨，胶合板基层面层	m²	24.50

【例 7】如图 2-3-6 所示某大楼设计为铝合金玻璃幕墙，幕墙上带铝合金窗，试求其工程量。

【解】幕墙定额工程量为：$(40 \times 20 + 15 \times 8) m^2 = 920 m^2$

【注释】40×20 为下部幕墙的面积，40 为下部幕墙长，20 为高。15×8 为上部幕墙的面积，15 为上部幕墙的长，8 为高。

套用消耗量定额 2-276。

清单工程量计算同定额工程量。

清单工程量计算见表 2-3-6。

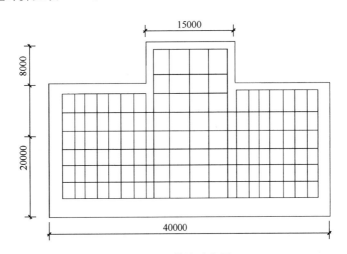

图 2-3-6　幕墙示意图

清单工程量计算表　　　　　　　　　　　　　　表 2-3-6

项目编码	项目名称	项目特征描述	计量单位	工程量
011209002001	全玻（无框玻璃）幕墙	铝合金玻璃幕墙	m²	920.00

【例 8】如图 2-3-7 所示，为某单层建筑平面图，该建筑室内净高 3.2m，墙厚 240mm，门窗洞口尺寸如下：

M-1：750mm×1800mm；M-2：900mm×2100mm；M-3：1500mm×2100mm；C-1：1500mm×1200mm；C-2：1500mm×1500mm；C-3：1200mm×1500mm，试根据图示尺寸求该单层建筑内墙抹灰水泥砂浆工程量。

【解】内墙抹灰工程量＝内墙面积－门窗洞口面积

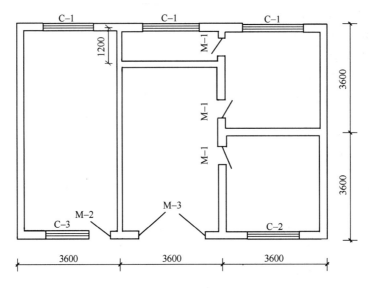

图 2-3-7　某单层建筑平面图

定额工程量＝{[(3.6×2－0.48)×4＋(3.6×2－0.24)×2＋(1.2－0.24)×2＋(3.6×
　　　　　　2－1.2－0.24)×2＋(3.6－0.24)×10]×3.2－1.5×1.2×3－0.75×
　　　　　　1.8×3×2－1.2×1.5－0.9×2.1－1.5×2.1－1.5×1.5}m²
　　　　　＝[(26.88＋13.9＋1.92＋11.52＋33.6)×3.2－5.4－8.10－1.80－1.89
　　　　　　－3.15－2.25]m²
　　　　　＝258.43m²

【注释】(3.6×2－0.48)×4 为纵向内墙内抹灰长，(3.6×2－0.48) 为纵向内墙净长，4 为每个内墙各两面。(3.6×2－0.24)×2 为纵向外墙内侧的抹灰长，(1.2－0.24)×2 为单个房间纵向内测的抹灰长，(3.6×2－1.2－0.24)×2 为单个房间纵向内墙内侧的抹灰长，(3.6×2－0.24) 为纵墙内侧净长，2 为两面。(3.6－0.24)×10 为横墙长，(3.6－0.24) 为单个横墙净长，10 为个数。1.5×1.2 为 C-1 的洞口面积，1.5 为窗宽，1.2 为窗高，3 为窗洞口占用内墙面数。0.75×1.8×3×2 为 M-1 的占用面积，0.75 为门宽，1.8 为门高，3 为门的个数，2 为每个门占用内墙面数。1.2×1.5 为 C-3 面积。0.9×2.1 为 M-2 面积。1.5×2.1 为 M-3 面积。1.5×1.5 为 C-2 面积。

套用基础定额 11-25。

清单工程量同定额工程量。

清单工程量计算见表 2-3-7。

清单工程量计算表　　　　　　　　　　　　　　　　表 2-3-7

项目编码	项目名称	项目特征描述	计量单位	工程量
011201001001	墙面一般抹灰	内墙抹水泥砂浆	m²	258.43

【例 9】如图 2-3-8 所示为平房住宅，试求其室内抹灰混合砂浆的工程量。

【解】内墙抹灰定额工程量计算：

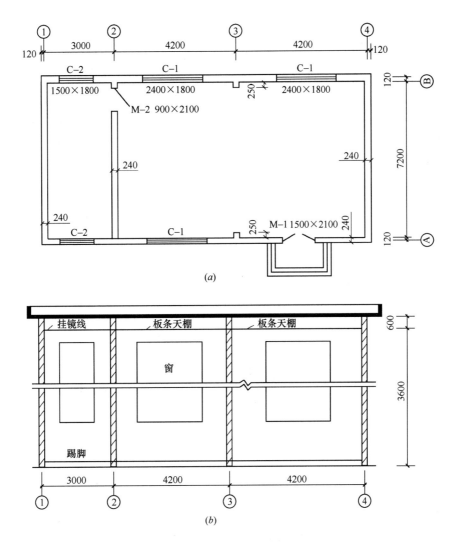

图 2-3-8 某平房示意图

(a) 平面图；(b) 立面图

工程量＝[(8.4－0.12×2＋0.25×2＋7.2－0.12×2)×2×(3.6＋0.1)－2.4×1.8×

3－1.5×2.1×1＋(3－0.12×2＋7.2－0.12×2)×2×4.2－1.5×1.8×2－

0.9×2.1×2]m²

＝171.95m²

【注释】8.4－0.12×2为右边房间横向外墙的内侧净长。0.12为半墙厚。7.2为纵向外墙内侧净长。(3.6＋0.1)为墙高。2.4×1.8×3为C-1的洞口面积。2.4为窗宽，1.8为窗高，3为窗的个数。1.5×2.1×1为门的洞口面积，1.5为门宽，2.1为门高。3－0.12×2为左边房间横向外墙内侧净长，7.2－0.12×2为纵向外墙内侧净长。4.2为墙高。1.5×1.8×2为C-2的面积，1.5为窗户的宽，1.8为窗高，2为个数。0.9×2.1×2为M-2的洞口面积，0.9为门宽，2.1为门高，2为两面。

套用基础定额11-36。

清单工程量同定额工程量。

清单工程量计算见表 2-3-8。

清单工程量计算表   表 2-3-8

项目编码	项目名称	项目特征描述	计量单位	工程量
011201001001	墙面一般抹灰	内墙抹灰混合砂浆	m²	171.95

【例 10】如图 2-3-9、图 2-3-10 所示，求明沟（做法：为 C10 混凝土厚 60，1∶2.5 水泥砂浆抹面）工程量。

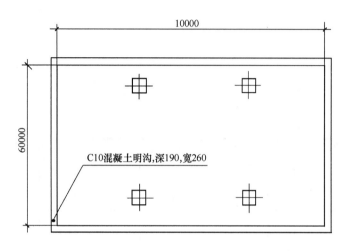

图 2-3-9　混凝土明沟示意图

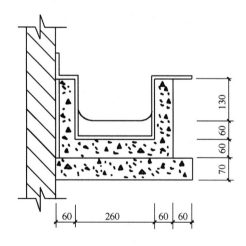

图 2-3-10　混凝土明沟示意图

【解】明沟工程量计算如下：

定额工程量＝[6×2＋10×2＋(0.26＋0.06×2)×4]m＝33.52m

套用基础定额：8-40。

清单工程量＝[6×2＋10×2＋(0.26＋0.06×2)×4]m＝33.52m

清单工程量计算见表 2-3-9。

项目编码	项目名称	项目特征描述	计量单位	工程量
011203001001	零星项目一般抹灰	C10 混凝土厚 60，1：2.5 水泥砂浆抹面	m	33.52

第四节　天　棚　工　程

一、天棚工程造价概论

1. 天棚工程定额项目内容

本分部定额项目内容包括：吊筋、天棚龙骨和天棚面层。天棚是位于建筑物楼屋盖下表面的装饰构件，俗称天花板，对悬挂在楼层盖承重结构下表面的天棚，常常也称为吊顶。天棚是构成建筑室内空间三大界面的顶界面，在室内空间中占据十分显要的位置。天棚兼具有满足使用功能的要求和满足人们在信仰、习惯、生理、心理等方面的精神要求的作用。

(1) 吊筋

吊筋是连接龙骨和承重结构的承重传力构件。吊筋的作用主要是承受天棚的荷载，并将这一荷载传递给屋面板、楼板、屋顶梁、屋架等部位。其另一作用是用来调整、确定吊式天棚的空间高度，以适应不同场合、不同艺术处理上的需要。吊筋的形式和材料的选用与吊顶的自重及吊顶所承受的灯具、风口等设备荷载的重量有关，也与龙骨的形式和材料、屋顶承重结构的形式和材料有关。吊筋可采用钢筋、型钢或木方等加工制作。钢筋用于一般天棚；型钢用于重型天棚或整体刚度要求特别高的天棚，木方一般用于木基层天棚，并采用金属连接件加固。如采用钢筋做吊筋，直径一般不小于 6mm，吊筋应与屋顶或楼板结构连接牢固。钢筋与骨架可采用螺栓连接，挂牢在结构中预留的钢筋钩上。木骨架也可以用 50mm×50mm 的方木作吊筋。

吊筋安装：上人型按预埋铁件计算，不上人型按射钉固定计算。如实际采用的固定方法不同者，按下列规定处理：

a. 上人型、不上人型如为后期混凝土板上钻眼、挂筋者，按相应项目每 100m² 增加人工 3.4 工日，材料用量不变。

b. 上人型、不上人型如为砖墙上打眼搁放骨架者，按相应项目每 100m² 增加人工 1.4 工日，应减去定额中吊筋、预埋铁件或射钉用量，插入砖墙内的龙骨可以调整。

c. 上人型骨架吊筋改预埋为射钉固定者，每 100m² 应减去人工 0.25 工日，减少吊筋 3.8kg，钢板增加 27.6kg，射钉增加 585 个。

d. 不上人型骨架，吊筋改射钉固定为预埋固定者，每 100m² 增加人工 0.97 工日，减去定额中的射钉用量，增加吊筋 30kg。

(2) 天棚龙骨

天棚龙骨定额分天棚对剖圆木楞、天棚方木楞、天棚轻钢龙骨、天棚铝合金龙骨，共 60 个子目。

1) 方木龙骨

木龙骨由主龙骨、次龙骨、小龙骨三部分组成。其中，主龙骨为 50mm×70mm，钉接或者栓接在吊杆上,主龙骨间距一般为 1.2～1.5m。次龙骨断面一般为 50mm×50mm,再用 50mm×50mm 的方木吊挂钉牢在主龙骨的底部,并用 8 号镀锌铁线绑扎。次龙骨的间距离抹灰面层一般为 400mm,对板材面层按板材规格及板材缝隙大小确定,一般不大于 600mm。木龙骨的耐火性较差,但锯截加工较方便。这类木龙骨多用于传统建筑的天棚和造型特别复杂的天棚。应用时须采取相应措施处理。

木龙骨吊顶由吊丝、龙骨、吊筋及罩面板等组成。它宜装设于槽型板底下,木龙骨吊顶的构造做法如图 2-4-1。吊线主要是吊挂龙骨,用 φ4 镀锌钢丝。罩面板可采用胶合板、纤维板、刨花板、塑料板等,也可在龙骨下钉木板条,板条上抹灰。罩面板拼缝可做成密缝倒角或密缝加压条。压条宽 30mm,一般用于木丝板拼缝处。

木龙骨即用木材做成的龙骨。

定额中木龙骨规格:大龙骨为 50mm×70mm,中、小龙骨为 50mm×50mm,吊木筋为 50mm×50mm,设计规格不同时,允许换算,其他材料不变。

定额中木龙骨间距:对剖圆木楞:主楞 600mm,次楞 450～600mm;方木楞:主楞 100～120mm,次楞 400～450mm。

木龙骨基层是按双向计算的,双向是指在横、竖两个方向上设有龙骨,即:横龙骨和竖龙骨。单向则是指只在一个方向上设置龙骨。一般天棚的内骨架选用木龙骨,多选用材质较软、材色和纹理不甚显著、干缩小、不劈裂,不易变形的树种。

木龙骨的固定方式有两种:一是铁钉固定木龙骨,二是采用膨胀螺栓固定木龙骨。

2) 轻钢龙骨

天棚轻钢龙骨是以镀锌钢带、钻带、铝合金型材、薄壁冷轧退火卷带为原料,经冷轧或冲压而成的天棚吊顶的骨架支承材料。它具有自重轻、刚度大、防火、抗震性能好,并且加工方便,安装简便等特点。它一般可用于工业与民用建筑物的装饰、吸声天棚吊顶。

轻钢龙吊顶由吊杆、龙骨、配件及罩面板等部分组成。吊杆装于上层楼板底下,用于吊住龙骨,承受整个吊顶重量,一般用 φ6～φ8 钢筋制成。龙骨分为大龙骨、中龙骨、小龙骨等,大龙骨断面呈 U 型,中、小龙骨断面有 U 型、T 型两种。龙骨构成吊顶骨架,用以安装罩面板,承受罩面板重量,龙骨用薄壁钢带轧制而成。配件有垂直吊挂件、纵向连接和平面连接件。罩面板装设于小龙骨下面,可采用纸面石膏板、装饰石膏板、钙塑板、矿棉板、石棉水泥板等。小龙骨紧贴大龙骨底面吊挂的称为双层构造;大、中龙骨底面同在一水平上,或不设大龙骨直接吊挂中龙骨的称为单层构造;单层构造仅用于不上人吊顶(轻型吊顶)。

轻钢龙骨系采用镀锌铁板或薄钢板,经剪裁冷弯滚轧冲压而成,有 C 型龙骨、U 型龙骨和 T 型龙骨,C 型龙骨主要用来作各种不承重的隔墙,即在 C 型龙骨组成骨架后,两面再装以装饰板组成隔断墙。U 型和 T 型龙骨主要用来做吊顶,即在 U 型或 T 型龙骨组成的骨架下,装以装饰板材组成天棚吊顶。

轻钢龙骨的特点:防火性能好,刚度大,便于上人检修天棚内设备、线路,隔音性能好,可装配施工,减少了施工工时,适用于多种饰面材料的安装,装饰效果好。

轻钢龙骨多用于防火要求高的室内装饰,高层建筑内的装饰,天棚、隔墙面积大的室内装饰,现代化厂房的室内装饰。

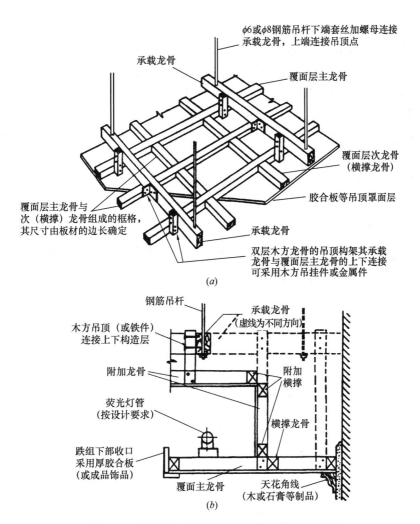

图 2-4-1　木龙骨双层骨架吊顶的构造做法示意图

(a)木方构架及其罩面示意；(b)跌级做法

H 型龙骨适用于暗架式矿棉吸音板吊顶，其特点是整体效果好、主体感强。

复合式 T 型烤漆龙骨为最近开发出来的具有国际先进水平的明架式吊顶龙骨，它以更优的质量和性能(包括防火性能、承载能力及外观等)代替 T 型铝合金天棚龙骨。

3) T 型铝合金吊顶龙骨

铝合金材料是由纯铝加入锰、镁等合金元素组成，具有质轻、耐蚀、耐磨、韧度大等特点。经氧化着色表面处理后，可得到银白色、金色、青铜色和古铜色等几种颜色，其外表色泽雅致美观、经久耐用。

铝合金吊顶龙骨一般常用的多为 T 型，根据其罩面板安装方式的不同，分龙骨底面外露和不外露两种。

几中常用 T 型、LT 型铝合金龙骨参考质量表见表 2-4-1。

铝合金龙骨的突出优点是质量轻，其型材制作及安装精度较高，特别适用于组装单层骨架构造的轻便型吊顶。T 型铝合金龙骨在同一水平面纵横布置，T 型主龙骨纵向通长设置，中距按装饰板尺寸 400～600mm，采用 T 型龙骨吊件及 $\phi6$ 吊杆与顶面结构固定；吊点间距≤800mm。T 型次龙骨分段与主龙骨连接，L 型边龙骨在四周与墙面固定。在安装龙骨前，应对屋顶或楼面进行检查，若施工质量不符合要求，应及时采取补救措施。然后再弹线定位，用射钉固定角钢块，通过角钢块上的孔，将吊挂龙骨用的镀锌铁丝绑牢在吊件上，安装龙骨时，先将各条主龙骨吊起后，在稍高于标高线的位置上临时固定，然后在主龙骨之间安装次（中）龙骨。主龙骨与横撑龙骨有三种连接方式：一是在主龙骨上部开半槽，在次龙骨下部开半槽，并在主龙骨半槽两侧各打出一个 $\phi3$ 的圆孔。二是在分段截开的次龙骨上用铁皮剪出连接耳，在连接耳上打孔，通常打 $\phi4.2$ 的孔可用 $\phi4$ 铝铆钉固定或打 $\phi3.8$ 的孔用 M4 自攻螺钉固定。三是在主龙骨上打出长方孔，两长方孔的间隔距离为分格尺寸。施工中应注意吊杆间距不宜过大，主龙骨间距不大于 1.2m。沿吊顶四周要布置吊杆螺栓，沿边螺栓距离墙面大于 50mm，次龙骨悬挑不得大于 150mm。

几种常用 T 型、LT 型铝合金龙骨参考质量表　　　　　　　　　表 2-4-1

名　称		形　状　及　规　格	厚度(mm)	质量(kg/m)
大龙骨	轻　型	38 ⌐ 12	1.20	0.56
	中　型	50 ⌐ 15	1.50	0.92
	重　型	60 ⌐ 30	1.50	1.52
中　龙　骨		32 ⊥ 23	1.20	0.20
小　龙　骨		23 ⊥ 23	1.20	0.14
边龙骨	LT 型	32 ⌐ 18	1.20	0.18
	LT 型	32 ⊢ 18 / 20	1.20	0.25
大龙骨	轻　型	30 ⌐ 12	1.20	0.45
	中龙骨	45 ⌐ 15	1.20	0.67

名　称		形　状　及　规　格	厚度(mm)	质量(kg/m)
中　龙　骨		35 ⊥ 1.0 / 1.5 / 22	1.0~1.50	0.49
小　龙　骨		22 ⊥ 1.0 / 1.5 / 22	1.0~1.50	0.32
边龙骨	L型	35 ⌐ 11	0.75	0.26
	异型	22 ⌐ 35	0.75	0.45

吊杆应通直并有足够的承载能力。当预埋的吊杆需接长时，必须搭接焊牢，焊缝均匀饱满。主、次龙骨尺寸要准确，表面要平整，接缝要平。吊点分布要均匀，在一些龙骨架的接口处和重载部位，应当增加吊点。所有连接件、吊挂件一定要固定牢固，龙骨不能松动，即要有上劲又要有下劲，上下都不能松动。铝合金龙骨吊顶上的设备主要有灯盘、灯槽、空调出风口、消防烟雾器和喷淋头等，安装时，注意与吊顶结构关系的处理。校正后，应将龙骨的所有吊挂件、连接件紧固。

T型铝合金天棚龙骨适合于活动式装配天棚，所谓活动式装配是指将面层直接浮搁在次龙骨上、龙骨底翼外露，这样使更换面板方便。

4）铝合金方板天棚龙骨

铝合金方板天棚龙骨是专为铝合金"方型饰面板"配套使用的龙骨，铝合金方板吊顶由吊杆、龙骨、配件及吊顶板等部分组成。吊杆与轻钢龙骨吊顶中所述相同。龙骨分有大龙骨和中龙骨，大龙骨断面呈 U 型，中龙骨断面呈"⊥型"。配件有垂直吊挂件、纵向连接件和平面连接件。大龙骨垂直吊挂件装于吊杆下端用以吊挂大龙骨；中龙骨垂直吊挂件装于大龙骨上用以吊挂 中龙骨。大龙骨纵向连接件用以大龙骨接长；中龙骨纵向连接件用以中龙骨接长。在龙骨平面连接件用以中龙骨直角连接。吊顶板采用铝合金方板，墙边补缺处采用铝合金靠墙板。方板平面尺寸为 500mm×500mm 或 600mm×600mm。按方板边缘有嵌入式方板和浮搁式方板。铝合金方板吊顶也可采用 T 型断面的中龙骨，但必须配装浮搁式方板。铝合金方板吊顶根据大龙骨承受荷载能力分为轻型、中型和重型三类。

5）铝合金、条板天棚龙骨

铝合金条板吊顶由吊杆、龙骨、配件及吊顶板等部分组成。吊杆与轻钢龙骨吊顶中所述相同。龙骨分有大龙骨、条板龙骨。大龙骨断面呈⊂型，条板龙骨断面呈∩型，配件有大龙骨吊挂件、条板龙骨吊挂件。大龙骨吊挂件装于吊杆下端用以吊挂大龙骨；条板龙骨吊挂件装于大龙骨上或吊杆下端用以吊挂条板龙骨。吊顶板分有条板、接插件、插缝板及靠墙板。条板断面有多种形状；其宽度有 86mm、106mm、136mm、186mm。接插板用以条板接长。插缝板装于两条板拼缝处作为拼缝装饰。靠墙板用以靠墙处条板的补缺。

（3）天棚面层

天棚面层在同一标高者称一级天棚，天棚面层不在同一标高且每一高差在200mm以上者为二级或三级天棚。

1）铝合金扣板

铝合金扣板是长条形，两边有高低槽的铝合金条板。有银白色、茶色、彩色（烘漆）等。

2）埃特板

埃特板是一种不燃的纤维水泥产品，广泛应用于建筑的内外墙、壁板、天花板等处，具有质轻、容易固定、拆装方便、强度高、耐久性好等特点，是现代新型建筑装饰材料之一。

埃特板分：不燃墙板，规格2440mm×1200mm，厚8～25mm；不燃平板，规格2440mm×1220mm，厚4.5～12mm。

3）钙塑板

钙塑板是无机钙盐（碳酸钙）和有机树脂，加入抗老化剂、阻燃剂等辅助材料搅拌后压制而成的一种复合材料。

特点：不怕水、吸湿性小、不易燃、保温隔热性良好。

规格有：500mm×500mm×6～7mm、530mm×530mm×8mm、600mm×600mm×8mm、300mm×300mm×6mm、1600mm×700mm×2～10mm等。

4）宝丽板

宝丽板系胶合板基层，贴以特种花纹纸面涂覆不饱和树脂后表面再压合一层塑料薄膜保护层。保护层有白色、米黄色等。

常用规格有1800mm×915mm、2440mm×1220mm、厚度6mm、8mm、10mm、12mm等。

宝丽板分普通板和坑板两种。坑板就是在宝丽板表面再按一定距离加工出宽3mm、深1mm左右坑槽，以增加其装饰性。

5）吸声板面层

定额3-77子项所列的吸声板，是以岩棉吸声板作为天棚面层编制的。在实际工程中，有多种吸声板材可供选用，它们包括：矿棉装饰吸声板、岩棉吸声板、钙塑泡沫装饰吸声板、珍珠岩装饰吸声板、玻璃棉装饰吸声板、贴塑矿（岩）棉吸声板、聚苯乙烯泡沫装饰吸声板、纤维装饰吸声板、石膏纤维装饰吸声板以及金属（如铝合金）微孔板等等，都是吸音效果良好的天棚装饰面层。它们各自的特点如下：

珍珠岩装饰吸声板是以珍珠岩为骨料，配合适量的胶粘剂，经过搅拌、成型、干燥、熔融或养护而制成的多孔性吸声材料。它具有质量轻、装饰效果好、防火、防潮、防蛀、耐酸、施工装配化、可锯割等优点，一般可用于礼堂、剧院、电影院、播音室、录像室、会议室、餐厅等公共建筑的普通处理和其他公共建筑的天棚和内墙装饰。

玻璃棉装饰吸声板是以玻璃棉为主要原料，加入适量的胶粘剂、防潮剂、防腐剂等，经热压成型加工而成，具有质轻、吸声、防火、隔热、保温、美观大方、施工方便等特点，其用途同矿棉装饰吸声板。

贴塑矿棉吸声板是以半硬质砂棉板式岩棉板作基材，表面覆贴加制凹凸花纹的聚氯乙烯半硬质膜片而成。贴塑矿棉吸声板具有优良的吸声、隔热、不燃和低假密度的特点，并具有美观大方的装饰效果。本产品用于商店、商场、影剧院、大小会议厅、电子计算机房、宾馆、旅舍等建筑物的客厅走廊等处，可以起到良好的吸声、装饰效果。

聚苯乙烯泡沫装饰吸声板是以可发性聚苯乙烯泡沫塑料经加工而制成，聚苯乙烯泡沫塑料装饰吸声板具有隔声、隔热、保温、保冷、质轻、色白等优点，一般适用于剧场、电影院、医院、宾馆、商店等建筑物的室内平顶或墙面装饰。

石膏装饰板是以建筑石膏为基料，附加少量增强纤维、胶粘剂、改性剂等，经搅拌、成型、烘干等工艺而制成的新型天棚装饰材料。石膏装饰具有轻质、高强、防潮、不变形、防火、阻燃、可调节室内温度等特点，并有施工方便，加工性能好，可锯、可钉、可刨、可粘结等优点。一般适用于剧院、宾馆、礼堂、商店、车站、饭店、工矿车间、住宅等建筑的室内天棚和墙面装饰。

金属微穿孔吸声板是根据声学原理，利用各种不同穿孔率的金属板来达到消除噪声的目的。材质根据需要选择，有不锈钢板、防锈铝板、电化铝板、镀锌铁板等。金属微穿孔吸声板是近年来发展的一种降噪处理的新产品，具有质轻、强度高、耐高温、耐高压、耐腐蚀、防火、防潮、化学稳定性好、造型美观、色泽幽雅、立体感强、装饰效果好、组装简便等特点。一般可用于宾馆、饭店、剧院、影院、播音室等公共建筑和中高级民用建筑，以改善音质控制，也可用于各类车间厂房、机房等作降噪措施。

（4）金属龙骨的识别

天棚吊顶工程的预算一般并不太复杂，均按天棚面积计算。关键是要识别吊顶设计的形式和材料规格，以便区别与定额规定不同时，进行换算处理。换算内容上面已经述及，现就如何识别其形式和规格作如下介绍：

1）轻钢天棚龙骨

定额是按 U 型 45 系列和 U 型 60 系列编制的。

① 轻钢龙骨类型的识别：轻钢龙骨一般分为 C 型、U 型、T 型三类。C 型龙骨只用于不起承重作用的隔墙骨架，U 型和 T 型龙骨则多用于天棚吊顶。有些生产厂对 U 型稍做变化，就贯以 UC 型名称。这些形式是以龙骨断面形状而命名的，如图 2-4-2 所示。龙骨的规格以断面高度（h）确定，各种系列以主龙骨的高度命名，如 60 系列、50 系列、45 系列、38 系列和 25 系列等，分别表示为：U_{60} 或 UC_{50}、U_{50}、U_{38} 或 UC_{38}、U_{25} 等。同样 T 型龙骨分为：T_{60} 或 TC_{60}、T_{50}、T_{38} 或 TC_{38}、T_{22} 等。

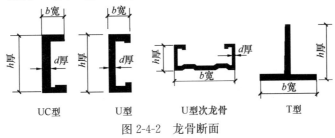

图 2-4-2　龙骨断面

② 上人型和不上人型的区别：不上人型龙骨是按 500N 集中荷载设计的，龙骨断面较小，一般主龙骨 $h=45$mm 者为不上人型。上人型龙骨按 $1000\sim1500$N 设计的，其主龙骨

断面为 $h=50$mm 以上。

天棚吊顶龙骨如图 2-4-3 所示。

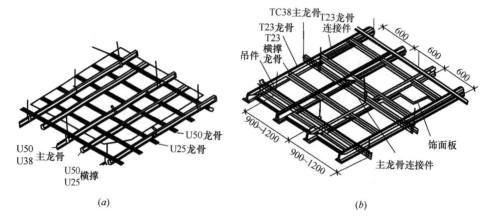

图 2-4-3 龙骨吊顶
(a)U 型龙骨吊顶；(b)T 型龙骨吊顶

2）龙骨连接件。龙骨的连接件分为：垂直吊挂件、纵向连接件、平面连接件三类。

① 垂直吊挂件：吊筋与大龙骨的连接件称为"大龙骨垂直吊挂件"、中（小）龙骨与大龙骨的连接件称为"中（小）龙骨垂直吊挂件"。如图 2-4-4 中(a)、(b)所示。

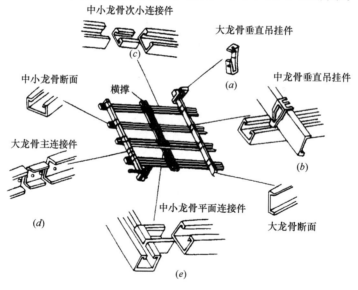

图 2-4-4　U 型天棚龙骨构件

② 纵向连接件：龙骨本身因长度不够需要拼接的连接件。大龙骨的纵向连接件称为"龙骨主接件"、中龙骨的纵向连接件称为"龙骨次接件"、小龙骨的纵向连接件称为"龙骨小接件"。如图 2-4-4(d)、(c)所示。

③ 平面连接件：中小龙骨之间的间距，是用连接件将中小龙骨固定在横撑上而确定的。这种连接件的一端挂钩在横撑翼缘上，另一端与中小龙骨接插连接，称为平面连接件。如图 2-4-4(e)所示。

3）装配式 T 型铝合金天棚龙骨。这种天棚吊顶的大龙骨为 U 型、中小龙骨为 T 型、边龙骨为 L 型。中小龙骨在同一平面交叉用螺丝或铁丝固接，天棚板搁装在中小龙骨上。如图 2-4-5 所示。

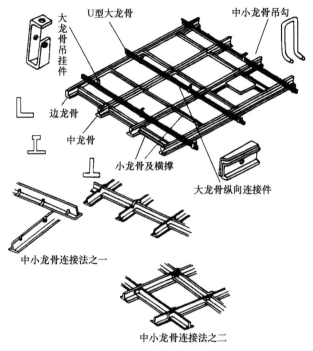

图 2-4-5　T 型天棚龙骨构件

4）铝合金方板天棚龙骨。这种龙骨是专门为铝合金方形饰面板而配套的一种龙骨，根据面板形式分为嵌入式和浮搁式。

① 嵌入式方板天棚龙骨：大龙骨仍为 U 型，其下吊挂中龙骨，中龙骨为一弹性夹式的 T 型断面，将方板侧边插入夹紧，如图 2-4-6 所示。

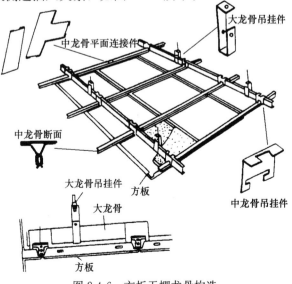

图 2-4-6　方板天棚龙骨构造

② 浮搁式方板天棚龙骨：这种天棚龙骨同装配式 T 型龙骨一样，只是用定型的铝合金方板搁置在中小龙骨上。

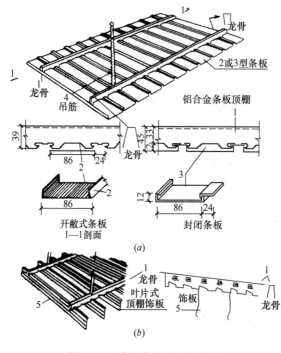

图 2-4-7　条板与格片天棚龙骨

(a)铝合金条板顶棚；(b)铝合金格片式天棚

5）铝合金轻型方板天棚龙骨。这是一种最简单最轻便的天棚龙骨，常用于家庭浴厕等小面积装修。它以中龙骨为主材直接吊挂，靠墙用 L 型龙骨钉在墙上，小龙骨切断搁置在中龙骨上形成分格，然后在格中搁放轻型方板。

6）铝合金条板天棚龙骨和格片式天棚龙骨。这两种龙骨都是采用薄型铝合金板，经冷轧电化处理而成，龙骨断面为⊓型，两褶边依吊板方式轧成不同卡口，如图 2-4-7 中(a)1、(b)1 龙骨所示。

条板天棚龙骨的饰面板分封闭式条形板和开敞式条形板。前者是条板卡进龙骨后，完全将龙骨遮挡住，如图 2-4-7 中(a)3；后者是条板安装上后相互间留有间隙，如图 2-4-7 中(a)2。

格片式龙骨是在卡口上安装叶片式铝合金板，如图 2-4-7(b)所示。

2. 天棚工程定额换算

（1）天棚木龙骨断面、轻钢龙骨、铝合金龙骨规格设计与定额不符，应按设计的长度用量分别加 6%、6%、7%的损耗调整定额含量。

木方格吊顶天棚的方格龙骨，设计断面与定额不符时，按比例调整。

（2）天棚木吊筋设计高度、断面与定额取定不同时，按比例调整吊筋用量。当吊筋设计为钢筋吊筋时，钢筋吊筋按附表"天棚吊筋"执行，定额中的木吊筋及木大龙骨含量扣除。木吊筋定额按简单型（一级）考虑，复杂型（二、三级）按相应项目人工乘 1.20 系数，增加普通成材 $0.02\text{m}^3/10\text{m}^2$。

（3）天棚金属吊筋，定额（附表）每 10m^2 天棚吊筋按 13 个计算，若每 10m^2 吊筋用量与定额不符，其根数不得调整。

天棚金属吊筋附表中天棚面层至楼板底按 1.00m 高度计算，若设计高度不同，吊筋按每增减 100mm 调整，其他不变。

（4）天棚轻钢龙骨。铝合金龙骨定额是按双层编制的，如设计为单层龙骨（大、中龙骨均在同一平面上），套用定额时，应扣除定额中的小龙骨及配件，人工乘系数 0.87，其他不变，设计小龙骨用中龙骨代替时，其单价应换算。

（5）胶合板面层在现场钻吸声孔时，按钻孔板部分的面积，每 10m^2 增加人工 0.67 工日计算。

3. 天棚工程定额换算

（1）本定额龙骨的种类、间距、规格和基层、面层材料的型号、规格是按常用材料和常用做法考虑的，如设计要求不同时，材料可以调整，但人工、机械不变。

（2）天棚面层在同一标高者为平面天棚，天棚面层不在同一标高者为跌级天棚（跌级天棚其面层人工乘系数 1.1）。

（3）轻钢龙骨、铝合金龙骨定额中为双层结构（即中、小龙骨紧贴大龙骨底面吊挂），如为单层结构时（大、中龙骨底面在同一水平上），人工乘 0.85 系数。

（4）本定额中平面天棚和跌级天棚指一般直线型天棚，不包括灯光槽的制作安装。灯光槽制作安装应按本章相应子目执行。艺术造型天棚项目中包括灯光槽的制作安装。

（5）天棚检查孔的工料已包括在定额项目内，不另计算。

（6）本章龙骨是按常用材料及规格组合编制的，如与设计规定不同时可以换算，人工不变。

（7）定额中木龙骨规格，大龙骨为 50mm×70mm，中、小龙骨为 50mm×50mm，吊木筋为 50mm×50mm，设计规格不同时，允许换算，人工及其他材料不变。

（8）天棚骨架、天棚面层分别列项，按相应项目配套使用。对于二级或三级以上造型的天棚，其面层人工乘以系数 1.3。

（9）吊筋安装，如在混凝土板上钻眼、挂筋者，按相应项目每 100m² 增加人工 3.4 工日，如在砖墙上打洞搁放骨架者，按相应项目每 100m² 增加人工 1.4 工日。上人型天棚骨架吊筋为射钉者，每 100m² 减少人工 0.25 工日，吊筋 3.8kg；增加钢板 27.6kg，射钉585 个。

二、天棚吊顶工程的预算编制注意事项

（一）天棚吊顶工程定额的制定

天棚吊顶工程是装饰工程中遇到较多的一种装饰，除天棚面的一般抹灰和涂刷外，大多是采用较复杂的天棚吊顶工艺。它分为天棚龙骨、天棚面层和龙骨饰面合二为一的吊顶等三大类型。

（二）轻钢天棚龙骨定额的制定

1. 轻钢天棚龙骨

轻钢天棚龙骨（300×300 不上人型）定额材料量的计算。

由于各类天棚龙骨材料的品种和规格都比较多，为便于能够在预算工作中有一定的机动灵活性，定额对天棚龙骨的主材均以延长米计量，龙骨连接件以个计量。并按上人型和不上人型综合编制。它们的计算式如下：

$$龙骨主材用量 = \frac{计算长度×根数}{计算面积} × 100 × (1+损耗率) \qquad (2\text{-}4\text{-}1)$$

$$接挂件用量 = \frac{计算个数}{计算面积} × 100 × (1+损耗率) \qquad (2\text{-}4\text{-}2)$$

300×300 一级吊顶的计算面积，按有关标准图集中房间面积 6.96×6.36＝44.265m² 取定。具体材料用量计算如表 2-4-2 所示。

轻钢龙骨(300×300)一级吊顶材料量计算表　　　表 2-4-2

材料名称	设计长(m)	后备长(m)	计算长(m)	间距(m)	根数或个数 根或个	损耗系数	定 额 用 量
轻钢大龙骨 h45	6.36	0.18	6.54	0.90	6.36÷0.9+1=8	1.06	(式 2-4-1)=136.78m
轻钢中龙骨 h19	6.96	0.16	7.12	0.60	6.96÷0.6+1=13	1.06	(式 2-4-1)=202.97m
轻钢小龙骨 h19	6.96	0.16	7.12	0.60	6.96÷0.6+1=13	1.06	(式 2-4-1)=202.97m
中龙骨横撑	6.36	0.47	6.83	0.60	6.36÷0.6=11	1.06	(式 2-4-1)=195.71m
大龙骨连接件	每根龙骨按 3 个接头计算				3×8=24	1.06	(式 2-4-2)=58 只
中龙骨连接件	每根龙骨按 3 个接头计算				3×12=36	1.06	(式 2-4-2)=86 只
小龙骨连接件	每根龙骨按 3 个接头计算				3×13=39	1.06	(式 2-4-2)=93 只
大龙骨吊挂件	每根龙骨按 3 个吊挂计算				8×8=64	1.06	(式 2-4-2)=153 只
中龙骨吊挂件	每根龙骨按 8 个吊挂计算				8×12=96	1.06	(式 2-4-2)=230 只
小龙骨吊挂件	每根龙骨按 8 个吊挂计算				8×13=104	1.06	(式 2-4-2)=249 只
中龙骨平面连接件	每个档距 2 只计(11+12)×2=46				46×11=506	1.06	(式 2-4-2)=1212 只
小龙骨平面连接件	每个档距 2 只计(11+12)×2=46				46×12=552	1.06	(式 3-27)=1322 只
φ6 吊筋	0.7m×0.222kg/m×64 点=9946kg				9.946kg	1.06	(式 2-4-2)=24kg
螺母	每点 2 只计 64×2=128 只				128 只	1.07	(式 3-27)=309 只
垫圈	每点只计 64 只				64 只	1.07	(式 3-27)=155 只
M5×30 机螺丝	每个重 0.00691kg×64=0.442				0.442kg	1.06	(式 2-4-2)=1.06kg

2. 轻钢天棚龙骨定额人工工日的计算

人工用量按 2008 年劳动定额计算，并综合考虑以下因素：

(1) 在 8m² 以内的小面积加工因素按 10%，时间定额乘 0.25 系数。

(2) 增加螺杆、螺杆套丝和铁件制作用工。

(3) 上人型定额综合增加检查孔的人工 0.15(工日/100m²)。

(4) 人工幅度差按 15%。

计算见表 2-4-3 所示。

轻钢天棚龙骨(300×300)一级吊顶人工计算表　　　表 2-4-3

项目名称	计算量	单位	2008 年劳动定额编号	时间定额	工日/100m²
吊安龙骨	10	10m²	§6-16-406-(二)	1.2	12.00
面板钉压条	10	10m²	§6-16-规定 10	12×0.33	3.96
8m² 内用工	10%	10m²	§6-16 规定 2	1.2×0.25	0.30
吊筋螺杆制作	6.4	10 根	§13-8-137-(二)	0.115	0.736
螺杆套丝	6.4	10 根	§13-8-143-(二)	0.0333	0.213
铁件制作	6.4	10 根	§13-7-120-(四)	0.208	1.331
小　计					18.54
定额工日	18.54×(1+15%)				21.321

3. 轻钢天棚龙骨定额的机械台班计算

轻钢龙骨上人型交流电焊机综合取定 0.09 台班/100m²，不上人型不考虑。

铝合金龙骨上人型交流电焊机同轻钢龙骨，不上人型用电锤 1.63 台班/100m²。

（三）天棚钙塑板面层定额的计算

1. 天棚钙塑板面层的定额材料量计算

天棚面层的计算量均按 100m²，钙塑板的损耗率为 5%，则：

钙塑板定额用量＝100×(1+5%)＝105m²/100m²

综合取定：松厚板 0.016m³，在轻钢龙骨上安装用自攻螺丝 34.5 百个。

2. 钙塑板面层定额的人工量计算

天棚面板的人工按 2008 年劳动定额中相应项目。考虑 10% 的 8m² 内小面积加工，并增加一个检查孔的人工。

人工幅度差依不同情况按 0~15% 取定，板料超运距：仓库到操作点 150m。

计算见表 2-4-4。

天棚钙塑板面层人工用量计算表　　　　　　　　　表 2-4-4

项目名称	计算量	单位	2008 年劳动定额编号	时间定额	工日/100m²
钙塑板铺设	10	10m²	§6-16-411-(三)	1.00	10.00
8m² 内小面积加工	1	10m²	§6-16-规定 2	1×0.25	0.25
检查孔制作	1	个	§6-16-规定 13	0.30	0.30
板料超运距 150m	1.11	100 块	§6-16-475-十二换	0.20	2.22
小　计					12.77
定额工日	12.77×(1+9%)				13.919

三、天棚工程清单工程量计算规则 GB 50854—2013

1. 天棚抹灰按设计图示尺寸以水平投影面积计算。不扣除间壁墙、垛、柱、附墙烟囱、检查口和管道所占的面积，带梁天棚、梁两侧抹灰面积并入天棚面积内，板式楼梯底面抹灰按斜面积计算，锯齿形楼梯底板抹灰按展开面积计算。

2. 格栅吊顶、吊筒吊顶等按设计图示尺寸以水平投影面积计算。

3. 采光天棚按框外围展开面积计算。

4. 灯带(槽)按设计图示尺寸以框外围面积计算。

5. 送风口、回风口按设计图示数量计算。

四、天棚工程预算实例

【例 1】 某天棚吊顶尺寸如图 2-4-8 所示，龙骨为装配式 U 型轻钢龙骨(不上人型)，龙骨的间距为 600mm×600mm，龙骨吊筋固定见图示，面层为柚木夹板，粘贴在三合板基面上，表面刷酚醛清漆四遍，磨退出色(油色)，椭圆槽的阴阳角处用 25mm×25mm，不锈钢压角线钉固，面层开灯孔 8 个 φ15，试求面层工程量。

【解】(1) 清单工程量

工程量＝[(2.5+5.0+2.5)×(1.5+3.0+1.5)+3.14×1.5²+3.0×(5.0−3.0)]m²

　　　＝(60+7.07+6)m²＝73.07m²

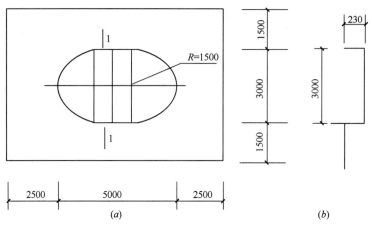

图 2-4-8 某天棚吊顶尺寸图

(a)平面图；(b)剖面图

【注释】2.5＋5.0＋2.5 为矩形吊顶的长度，1.5＋3.0＋1.5 为矩形吊顶的宽度，(2.5＋5.0＋2.5)×(1.5＋3.0＋1.5)为矩形吊顶的面积，由平面图可知，天棚吊顶上有一椭圆槽为不规则图形在计算其面积时需分开计算，即为圆的面积和矩形的面积，$R=1.5$ 为圆的半径，$3.14×1.5^2$ 为圆的面积。$5.0－3.0＝5.0－1.5－1.5$ 即为矩形的宽，3.0 为矩形的长，$3.0×(5.0－3.0)$ 为矩形的面积。

清单工程量计算见表 2-4-5。

清单工程量计算表   表 2-4-5

项目编码	项目名称	项目特征描述	计量单位	工程量
011302001001	吊顶天棚	龙骨为装配式 U 型轻钢龙骨(不上人型)，龙骨间距为 600mm×600mm，面层为柚木夹板，粘贴在三合板基面上	m²	73.07

(2)定额工程同清单工程量。

套用消耗量定额 3-026。

【例 2】如图 2-4-9、图 2-4-10 所示，该建筑物天棚采用 1∶3 石灰砂浆，中级抹灰，试求该建筑物天棚抹灰工程量。

【解】(1)清单工程量

工程量＝[(3.6－0.24)×(6.6－0.24)＋(4.5－0.24)×(6.6－0.24)＋(3.6－0.24)×
　　　　(6.6－0.24)]m²
　　　＝69.83m²

【注释】天棚抹灰工程量按设计图示尺寸以水平投影面积计算，由图自左而右看，3.6－0.24 为最西边房间的净宽，6.6－0.24 为最西边房间的净长，0.24 为墙厚，(3.6－0.24)×(6.6－0.24)为最西边房间的净面积，4.5－0.24 为中间房间的净宽，6.6－0.24为中间房间的净长，0.24 为墙厚，(4.5－0.24)×(6.6－0.24)为中间房间的净面积。3.6－0.24 为最东边房间的净宽，6.6－0.24 为最东边房间的净长，0.24 为墙厚，(3.6－0.24)×(6.6－0.24)为最东边房间的净面积。综上将上面所有房间的净面积相加即得到天

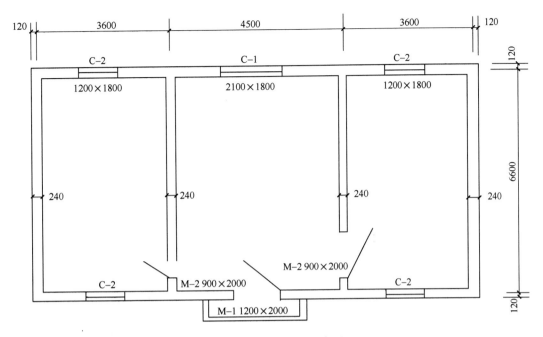

图 2-4-9　某建筑平面示意图

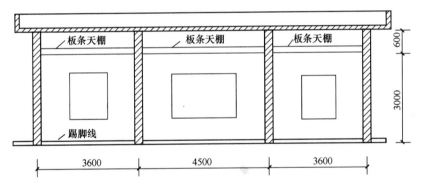

图 2-4-10　某建筑剖面示意图

棚抹灰工程量。

清单工程量计算见表 2-4-6。

清单工程量计算表

表 2-4-6

项目编码	项目名称	项目特征描述	计量单位	工程量
011301001001	天棚抹灰	天棚采用 1:3 石灰砂浆，中级抹灰	m²	69.83

（2）定额工程量同清单工程量。

套用基础定额 11-288。

【例 3】如图 2-4-9、图 2-4-10 所示，为铝合金条板天棚闭缝，0.12 为板条宽，试求天棚闭缝工程量。

【解】（1）清单工程量

工程量 $=(3.6-0.24+4.5-0.24+3.6-0.24) \times 0.12 \mathrm{m}^2 = 1.32 \mathrm{m}^2$

【注释】铝合金条板天棚闭缝工程量按设计图示尺寸以面积计算，3.6−0.24、4.5−0.24、3.6−0.24 都为铝合金板条的净长，0.24 为墙厚，(3.6−0.24+4.5−0.24+3.6−0.24)为铝合金条板的总净长，0.12 为板条的宽，(3.6−0.24+4.5−0.24+3.6−0.24)×0.12 为铝合金条板的面积。

（2）定额工程量同清单工程量。

套用消耗量定额 3-119。

【例4】如图 2-4-11 所示为装配式 V 型轻钢天棚龙骨（上人型）面层规格 300mm×300mm 平面吊顶，试求龙骨及面层工程量。

【解】（1）清单工程量

轻钢龙骨工程量：$6.6×7.1m^2=46.86m^2$

【注释】天棚吊顶工程量按设计图示尺寸以面积计算，6.6 为吊顶的净宽，7.1 为吊顶的净长，6.6×7.1 为吊顶的净面积。

面层工程量同轻钢龙骨工程量。

清单工程量计算见表 2-4-7。

清单工程量计算表

表 2-4-7

项目编码	项目名称	项目特征描述	计量单位	工程量
011302001001	吊顶天棚	装配式 V 型轻钢天棚龙骨（上人型），面层规格 300mm×300mm 平面吊顶	m²	46.86

（2）定额工程量同清单工程量。

套用消耗量定额 3-029。

【例5】如图 2-4-12 所示为某办公室的天棚平面图，采用装配式 T 型铝合金天棚龙骨（不上人型）石膏板面层规格 600mm×600mm，试求天棚吊顶工程量。

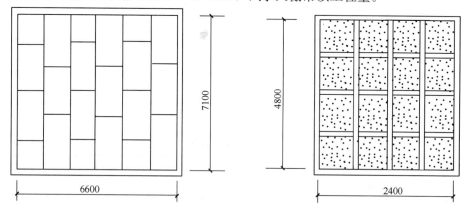

图 2-4-11　轻钢龙骨平面图　　　　图 2-4-12　T 型铝合金天棚龙骨吊顶

【解】（1）清单工程量

工程量$=4.8×2.4m^2=11.52m^2$

【注释】天棚吊顶工程量按设计图示尺寸以面积计算，4.8 为天棚吊顶的净长，2.4 为天棚吊顶的净宽，4.8×2.4 为天棚吊顶的面积。

清单工程量计算见表 2-4-8。

清单工程量计算表　　　　　　　　　　　　　表 2-4-8

项目编码	项目名称	项目特征描述	计量单位	工程量
011302001001	吊顶天棚	装配式 T 型铝合金天棚龙骨(不上人型),石膏板面层规格 600mm×600mm	m²	11.52

(2)定额工程量同清单工程量。

套用消耗量定额 3-043。

【例 6】某办公室天棚为压型金属板吊顶,如图 2-4-13 所示,试求其天棚工程量。

【解】(1)清单工程量

工程量＝3.1×2.4m²＝7.44m²

【注释】天棚吊顶工程量按设计图示尺寸以面积计算,3.1 为天棚吊顶的净长,2.4 为天棚吊顶的净宽,3.1×2.4 为天棚吊顶的面积。

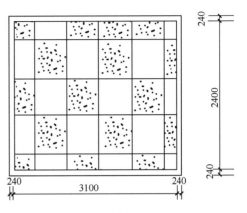

图 2-4-13　压型金属板吊顶

清单工程量计算见表 2-4-9。

清单工程量计算表　　　　　　　　　　　　　表 2-4-9

项目编码	项目名称	项目特征描述	计量单位	工程量
011302001001	吊顶天棚	压型金属板吊顶	m²	7.44

(2)定额工程量同清单工程量。

套用消耗量定额 3-138。

【例 7】如图 2-4-14 所示,某会议室采用天棚吊顶:已知天棚采用装配式 U 型轻钢龙

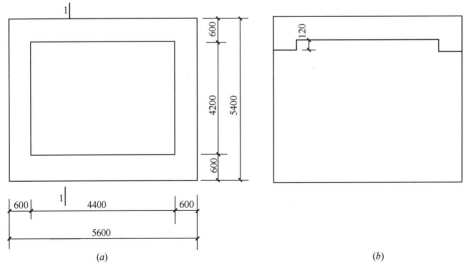

(a)　　　　　　　　　　　　　　　　　　　　(b)

图 2-4-14　会议室天棚吊顶示意图

(a)平面图;(b)1-1 剖面图

骨，面层用纸面石膏板(面层规格 450mm×450mm)，窗帘盒不与天棚相连，试求其工程量。

【解】(1)清单工程量

1)轻钢龙骨天棚工程量＝5.6×5.4m²

　　　　　　　　　　　＝30.24m²

【注释】5.6m 为吊顶的长度，5.4m 为吊顶的宽度，5.6×5.4 为吊顶的面积。

2)石膏板面层工程量＝[5.6×5.4+0.12×(4.2+4.4)×2]m²

　　　　　　　　　　＝32.30m²

【注释】5.6m 为最外层吊顶的长度，5.4m 为最外层吊顶的宽度，5.6×5.4 为最外层吊顶的面积。4.2m 为里层吊顶的长度，4.4m 为里层吊顶的宽度，(4.2+4.4)×2 为里层吊顶的截面周长，由剖面图可知，0.12 为吊顶的厚度，0.12×(4.2+4.4)×2 为里层吊顶的面积。

清单工程量计算见表 2-4-10。

清单工程量计算表　　　　　　　　　表 2-4-10

项目编码	项目名称	项目特征描述	计量单位	工程量
011302001001	吊顶天棚	采用装配式 U 型轻钢龙骨，面层用纸面石膏板(面层规格 450mm×450mm)	m²	30.24

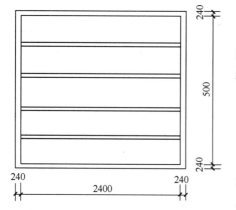

图 2-4-15　U 型铝合金条板吊顶

(2)定额工程量同清单工程量。

【例8】如图 2-4-15 所示，某办公室采用 U 型铝合金条板吊顶，矿棉板天棚面层贴在混凝土板下，试求其工程量。

【解】(1)清单工程量

工程量＝2.4×0.5m²

　　　　＝1.20m²

【注释】天棚吊顶工程量按设计图示尺寸以水平投影面积计算，2.4m 为吊顶的净长，0.5m 为吊顶的净宽，2.4×0.5 为吊顶的净面积。

清单工程量计算见表 2-4-11。

清单工程量计算表　　　　　　　　　表 2-4-11

项目编码	项目名称	项目特征描述	计量单位	工程量
011302001001	吊顶天棚	U 型铝合金条板吊顶，矿棉板天棚面层	m²	1.20

(2)定额工程量同清单工程量。

套用消耗量定额 3-093、3-119。

【例9】如图 2-4-16 所示，某客厅不上人型轻钢龙骨石膏板吊顶，龙骨间距 300mm×300mm，试求其工程量。

【解】(1)清单工程量

1)天棚龙骨工程量＝6.3×6.5m²＝40.95m²

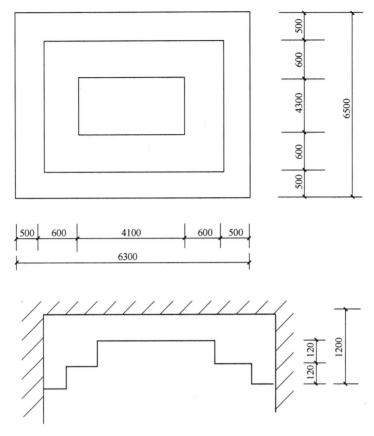

图 2-4-16　天棚构造简图

【注释】天棚龙骨工程量按设计图示尺寸以水平投影面积计算，6.3m 为石膏板吊顶的宽度，6.5m 为石膏板吊顶的长度，6.3×6.5 为石膏板吊顶的面积。

2）天棚面层工程量＝[6.3×6.5＋(5.3＋5.5)×0.12×2＋(4.1＋4.3)×2×0.12]m²

$$=45.56m^2$$

【注释】6.3m 为最外层吊顶的宽度，6.5m 为最外层吊顶的长度，6.3×6.5m² 为最外层吊顶的面积，5.3m 为中层吊顶的宽度，5.5m 为中层吊顶的长度，(5.3＋5.5)×2 为中层吊顶的截面周长，由剖面图可知，0.12m 为中层吊顶的厚度，(5.3＋5.5)×0.12×2 为中层吊顶的面积，4.1m 为最里层吊顶的宽度，4.3m 为最里层吊顶的长度，(4.1＋4.3)×2 为最里层吊顶的截面周长，由剖面图可知，0.12m 为里层吊顶的厚度，(4.1＋4.3)×2×0.12 为里层吊顶的面积。

清单工程量计算见表 2-4-12。

清单工程量计算表　　　　　　　　　　　　　　　　　　　表 2-4-12

项目编码	项目名称	项目特征描述	计量单位	工程量
011302001001	吊顶天棚	不上人型轻钢龙骨石膏板吊顶，龙骨间距 300mm×300mm	m²	40.95

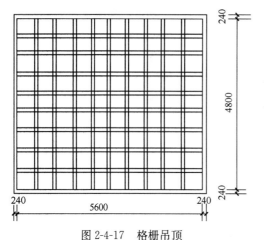

图 2-4-17 格栅吊顶

（2）定额工程量同清单工程量。

套用消耗量定额 3-021、3-097。

【例 10】某办公室采用木格栅吊顶，规格为 150mm×150mm×80mm，如图 2-4-17 所示，试求其工程量。

【解】（1）清单工程量

工程量 = $5.6×4.8m^2 = 26.88m^2$

【注释】格栅吊顶工程量按设计图示尺寸以水平投影面积计算，5.6m 为木格栅吊顶的长度，4.8m 为木格栅吊顶的宽度，5.6×4.8 为木格栅吊顶的面积。

清单工程量计算见表 2-4-13。

清单工程量计算表　　　　　　　　　表 2-4-13

项目编码	项目名称	项目特征描述	计量单位	工程量
011302002001	格栅吊顶	办公室采用木格栅吊顶，规格为 150mm×150mm×80mm	m²	26.88

（2）定额工程量同清单工程量。

套用消耗量定额 3-250。

【例 11】某房间由两部分组成，半圆和方形，天棚采用胶合板格栅吊顶如图 2-4-18 所示，试求其工程量。

【解】（1）清单工程量

工程量 = $3.6×(4.7+0.24)+\dfrac{\pi}{2}×1.8^2 m^2$

　　　　= $22.87m^2$

【注释】3.6m 为方形吊顶的净宽度，(4.7+0.24)m 为方形吊顶的净长度，3.6×(4.7+0.24)m² 为方形吊顶的净面积，$R=1.8m$ 为圆的半径，$\pi×1.8^2$ 为圆的直径，由于要求半圆的面积故应除以 2，故半圆的面积为 $\dfrac{\pi}{2}×1.8^2$。

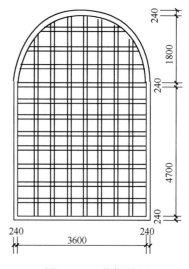

图 2-4-18 格栅吊顶

清单工程量计算见表 2-4-14。

清单工程量计算表　　　　　　　　　表 2-4-14

项目编码	项目名称	项目特征描述	计量单位	工程量
011302002001	格栅吊顶	天棚采用胶合板格栅吊顶	m²	22.87

（2）定额工程量同清单工程量。

套用消耗量定额 3-255。

【例 12】某超市天棚采用筒形吊顶如图 2-4-19 所示,圆筒系以钢板加工而成,表面喷塑,试求其工程量。

【解】(1)清单工程量

工程量=$1.2 \times 1.2 \text{m}^2 = 1.44 \text{m}^2$

【注释】筒形吊顶工程量按设计图示尺寸以水平投影面积计算,1.2m 为筒形吊顶的长度,1.2m 为筒形吊顶的宽度,$1.2 \times 1.2 \text{m}^2$ 为筒形吊顶的面积。

清单工程量计算见表 2-4-15。

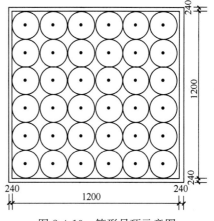

图 2-4-19 筒形吊顶示意图

清单工程量计算表 表 2-4-15

项目编码	项目名称	项目特征描述	计量单位	工程量
011302003001	吊筒吊顶	超市天棚采用筒形吊顶,圆筒系以钢板加工而成,表面喷塑	m²	1.44

(2)定额工程量同清单工程量。

套用消耗量定额 3-236。

【例 13】某办公室装饰屋顶平面,施工图大致如图 2-4-20 所示,中间为不上人型 T 型铝合金龙骨,共 24 根,外面裱糊纸面石膏板面层,标准尺寸为 800mm×800mm,而边上

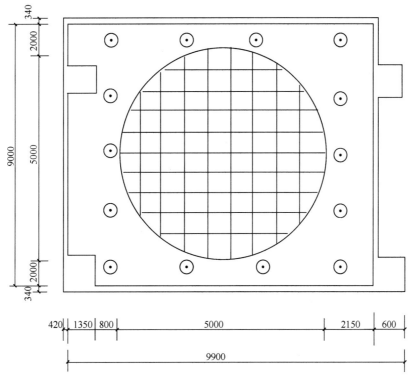

图 2-4-20 某办公室屋顶平面图

为不上人型轻钢龙骨吊顶，共 24 根，外面同样裱糊石膏面层，而其下的方柱断面尺寸为 1000mm×1000mm。试求其总工程的龙骨及面层工程量。

【解】（1）清单工程量

1）龙骨计算：根据清单规范计算规则，吊顶天棚按水平投影面积计算。天棚面中的灯槽及跌级、锯齿形、吊挂式、藻井式天棚面积不展开计算。不扣除间壁墙、检查口、附墙烟囱、柱、垛和管道所占面积，扣除单个 $0.3m^2$ 以外的孔洞、独立柱及与天棚相连的窗帘盒所占的面积。

① 铝合金龙骨：

工程量 $=\pi \cdot \left(\dfrac{5}{2}\right)^2 m^2 = 19.63 m^2$

【注释】由于中间为不上人型 T 型铝合金龙骨，故计算铝合金龙骨工程量时只用计算中间面积，中间为一圆形，只用计算出圆形的面积，$R=5/2$ 为圆的半径，$\pi \cdot \left(\dfrac{5}{2}\right)^2 m^2$ 为圆的面积。

② 轻钢龙骨：

$$\begin{aligned}
工程量 &= \left[9.3 \times 9.0 - \pi \cdot \left(\dfrac{5}{2}\right)^2\right] m^2 \\
&= (9.3 \times 9.0 - 3.14 \times 2.5^2) m^2 \\
&= (83.70 - 19.63) m^2 = 64.07 m^2
\end{aligned}$$

【注释】边上为不上人型轻钢龙骨吊顶，故只用计算边上的面积，边上的面积＝外层吊顶的面积－中间圆形吊顶的面积。9.3 为外层吊顶的长度，9.0 为外层吊顶的宽度，9.3×9.0 为外层吊顶的面积，$R=5/2$ 为圆的半径，$\pi \cdot \left(\dfrac{5}{2}\right)^2$ 为圆形吊顶的面积。

2）面层计算：

① 纸面石膏板（铝合金龙骨）：

工程量 $=\pi \cdot \left(\dfrac{5}{2}\right)^2 m^2 = 19.63 m^2$

【注释】铝合金龙骨外面裱糊纸面石膏板面层，中间采用铝合金龙骨，中间为一圆形故只用计算圆形的面积，$R=5/2$ 为圆的半径，$\pi \cdot \left(\dfrac{5}{2}\right)^2$ 为圆形吊顶的面积。

② 纸面石膏板（轻钢龙骨）：

$$\begin{aligned}
工程量 &= [(5.0+2.15 \times 2) \times (5.0+2.0 \times 2) + \pi \times 5 \times 0.3 - \pi \times (\dfrac{5}{2})^2 - (1.00-0.24) \\
&\quad \times 1.00 - (1.00-0.24) \times (1.00-0.24)] m^2 \\
&= (83.7+4.71-19.63-0.76-0.58) m^2 = 67.44 m^2
\end{aligned}$$

【注释】轻钢龙骨外面裱糊纸面石膏板面层，5.0+2.15×2 为外层吊顶的长度，5.0+2.0×2 为外层吊顶的宽度，(5.0+2.15×2)×(5.0+2.0×2) 为外层吊顶的面积，5m 为圆形吊顶的直径，0.3m 为圆形吊顶的厚度，$\pi \times 5$ 为圆形吊顶的周长，$\pi \times 5 \times 0.3$ 为圆形吊顶的面积，多算了一个圆的面积和两个垛的面积，$R=5/2$ 为圆的半径，$\pi \times (\dfrac{5}{2})^2$ 为圆的面积，1.00－0.24 为中间垛的宽度，1.00 为中间垛的长度，0.24 为墙厚，(1.00－

0.24)×1.00 为中间垛的面积，1.00−0.24 为下面垛的长度，1.00−0.24 为下面垛的宽度，(1.00−0.24)×(1.00−0.24)为下面垛的面积。

3)总工程量：

① 铝合金龙骨：

工程量＝19.63×24m² ＝471.12m²

【注释】19.63 为一个铝合金龙骨的工程量，24 为铝合金龙骨的个数，19.63×24 为 24 个铝合金龙骨工程量。

② 轻钢龙骨：

工程量＝64.07×24m² ＝1537.68m²

【注释】64.07 为一个轻钢龙骨的工程量，24 为轻钢龙骨的个数，64.07×24 为 24 个轻钢龙骨工程量。

③ 纸面石膏板(铝合金龙骨)：

工程量＝19.63×24m² ＝471.12m²

【注释】19.63 为一个铝合金龙骨上纸面石膏板的工程量，24 为铝合金龙骨的个数，19.63×24 为 24 个铝合金龙骨上纸面石膏板的工程量。

④ 纸面石膏板(轻钢龙骨)：

工程量＝67.44×24m² ＝1618.56m²

【注释】67.44 为一个轻钢龙骨上纸面石膏板的工程量，24 为轻钢龙骨的个数，67.44×24 为 24 个轻钢龙骨上纸面石膏板的工程量。

清单工程量计算见表 2-4-16。

清单工程量计算表 表 2-4-16

项目编码	项目名称	项目特征描述	计量单位	工程量
011302001001	天棚吊顶	不上人型 T 型铝合金龙骨，外面裱糊纸面石膏板面层	m²	471.12
011302001002	天棚吊顶	不上人型轻钢龙骨吊顶，外面同样裱糊石膏板面层	m²	1537.68

（2）定额工程量同清单工程量。

套用消耗量定额 3-043、3-021、3-098、3-097。

第五节　油漆、涂料、裱糊工程

一、油漆、涂料工程造价概论

（一）油漆、涂料工程定额项目内容及定额换算

1. 定额项目内容

建筑涂料是指涂敷于建筑物表面，并能与建筑物表面材料很好地粘结，形成完整涂膜的材料。早期使用的涂料，其主要原料是天然油脂和天然树脂，如亚麻仁油、桐油、松香和生漆等，故称为油漆。但随着石油化工和有机合成工业的发展，许多涂料不再使用油

脂，主要使用合成树脂及其乳液、无机硅酸盐和硅溶胶。故改为涂料工程，油漆仅是涂料的一种。建筑装饰涂料如果选择适当，可使墙面起到一定的保护作用，如果涂膜遭受到破坏，还可以重新涂饰；建筑装饰涂料的颜色，可按需要调配，同时可采用喷、滚、弹、刷涂的方法，不仅可使建筑物的外观美观，而且可以做出线条，增加质感，起到美化城市的作用；建筑装饰涂料涂饰在主体结构表面，有的还可以起到保色、隔声、吸声等作用，经过特殊配制的涂料，还可起到防水、防火、防腐蚀、防霉、防静电和保健等作用。

建筑装饰涂料按用途分为外墙涂料、内墙涂料、地面涂料和天棚涂料；按材质分为有机涂料、无机涂料和有机无机复合型涂料，其中有机涂料又分为水溶性涂料、乳液涂料和溶剂型涂料等；按涂层质感分为薄质涂料、厚质涂料、复层涂料和多彩涂料等。

外墙涂料的主要功能是装饰和保护建筑物外墙面，使其建筑物外貌整洁美观。所以，外墙涂料一般应具有如下特点：良好的装饰性和保色性；良好的耐水性和抗水性能；良好的耐污染性能；良好的耐候性能；便于施工和维修。

内墙和天棚涂料的主要功能是装饰和保护室内墙面和天棚，使其美观整洁，让人们处于舒适的居住环境中。为了获得良好的装饰效果，内墙和天棚涂料应具有以下特点：色彩丰富的调和，使涂层质地平滑细洁；耐碱性、耐水性、耐粉化性良好；耐擦洗性能良好；良好的透气性能；涂刷方便，重涂容易；价格合理。

（1）木材面油漆

木材面油漆按油漆构件类型不同，可分为木门、木窗、木扶手，其他木材面，窗台板、筒子板，木踢脚线，橱、台、柜，墙裙，木地板，以及木质家具等项目。按油漆的饰面效果，可分为混色和清色两种类型，混色油漆（也称混水油漆），使用的主漆一般为调和漆、磁漆；清色油漆亦称清水漆，使用的一般为各种类型的清漆、磨退。按装饰标准，一般可分为普通和高级两等。木材面油漆施工，因不同的油漆涂饰有不同的做法，现对几种常用的油漆工艺作如下阐述。

1）木材面混色油漆

混色油漆按质量标准分为普通和高级两个等级，主要施工程序如下：

基层处理→刷底子漆→满刮腻子→砂纸打磨→嵌补腻子→砂纸磨光→刷第一遍油漆→修补腻子→细砂纸磨光→刷第二遍油漆→水砂纸磨光→刷最后一遍油漆。表2-5-1是木材面混色油漆的主要工序和等级划分。

普通和高级木材面混色油漆的主要工序 表2-5-1

项　次	工序名称	普通涂刷	高级涂刷
1	清扫、起钉子、除油污等	＋	＋
2	铲去脂囊、修补平整	＋	＋
3	磨砂纸	＋	＋
4	节疤处点漆片	＋	＋
5	干性油或带色干性油打底	＋	＋
6	局部刮腻子、磨光	＋	＋
7	腻子处涂干性油	＋	

项　　次	工序名称	普通涂刷	高级涂刷
8	第一遍满刮腻子		+
9	磨光		+
10	第二遍满刮腻子		+
11	磨光		+
12	刷涂底涂料		+
13	第一遍涂料	+	+
14	复补腻子	+	+
15	磨光	+	+
16	湿布擦净		+
17	第二遍涂料	+	+
18	磨光(高级涂料用水砂纸)		+
19	湿布擦净		+
20	第三遍涂料		+

注：1. 表中"+"号表示进行的工序。

2. 高级涂料做磨退时，宜用醇酸树脂涂料刷涂，并根据膜厚度增加1～2遍涂料和磨退、打砂蜡、打油蜡、擦亮的工序。

3. 木料及胶合板内墙、天棚表面施涂溶剂型混色涂料的主要工序同上表。

混色油漆的做法大致分为两种。漆面为调和漆的做法：

① 清理基层、磨砂纸、点漆片、刮腻子、刷底油、调和漆二至三遍；

② 清理基层、磨砂纸、润油粉、刮腻子、刷调和漆三遍。

磁漆罩面的做法与调和漆类似，即

① 清理基层、磨砂纸、刷底油、刮腻子、调和漆二遍，磁漆一遍；

② 清理基层、磨砂纸、润油粉、刮腻子、调和漆一至三遍，磁漆一至三遍。

现将有关工艺的做法简述如下：

① 刷底油、刮腻子、刷调和漆：

a. 刷底油：刷底油也称刷清油、刷底子漆。刷底油的作用是防止木材受潮变形，增强防腐能力，并使后道嵌补的腻子等能与基层有很好的粘结性。木材面底油的配比成分为清油和油漆溶剂油。

底油不宜过稠，要求较稀，涂面薄而均匀，所有部位都要均匀涂刷一道，使其渗透于木材内部。

底油的品种和做法，根据基层和漆面做法而不同，涂刷混色涂料时，一般用清油打底；涂刷清漆，则应用油粉或水粉进行润粉；金属面油漆则应刷防锈漆打底；抹灰面一般也用清油打底。

b. 刮腻子：刮腻子，俗称为刮灰，是根据底漆和面漆的性质，专门配制的一种膏灰，用来嵌补油漆物体表面的凹塘裂缝等缺陷和疵病的一种操作过程。

刮腻子可以使基层表面平整光滑。油漆用腻子应具有良好的塑性和易涂性，并应保证涂抹后坚实牢固。在腻子干燥后，应打磨平整光滑，并清理干净，为下一步深刷油漆作准备。

腻子的种类应根据基层和油漆的性质不同而配套调制。

常用的腻子种类及性能如表 2-5-2。

常用自配腻子及成品腻子 表 2-5-2

种　类	组成及配比（重量比）	性能与应用
室内用乳液腻子	聚醋酸乙烯乳液∶滑石粉或大白粉∶2%羧甲基纤维素溶液=1∶5∶3.5	易刮涂填嵌，干燥迅速，易打磨，使用于水泥抹灰基层
聚合物水泥腻子	聚醋酸乙烯乳液∶水泥∶水=1∶5∶1	易施工，强度高，适用于建筑外墙及易受潮内墙基层
室内用油性石膏腻子	①石膏粉∶熟桐油∶水=20∶7∶50 ②石膏粉∶熟桐油∶松得水∶水∶液体催干剂=0.8~0.9∶1∶适量∶0.25~0.3∶熟桐油和松香水重量的1%~2%	使用方便，干燥快，硬度好，易批刮涂抹，适用于木质基层
室内用虫胶腻子	大白粉∶虫胶清漆∶颜料=75∶24.2∶0.6	干燥快，不渗陷，附着力强，适用于木料基层嵌补，现制现用
室内用硝基腻子	硝基漆∶香蕉水∶大白粉=1∶3∶适量（可掺加适量体质颜料）	与硝基漆配套使用，属快干腻子，用于金属面时宜用定型产品
室内用过氯乙烯腻子	过氯乙烯底漆与石英粉（320目）混合拌成糊状使用；若其粘结力和可塑性不足，可用过氯乙烯清漆代替过氯乙烯底漆	适用于过氯乙烯油漆饰面的打底层
T07-2油性腻子	用酯胶清漆、颜料、催干剂和200号溶剂汽油（松节油）混合研磨加工制成	刮涂性好，可用以填平木料及金属表面的凹坑、孔眼和裂纹
Q07-5硝基腻子	由硝化棉、醇酸树脂、增韧剂及颜料等组成，其挥发部分由酯、酮、醇、苯类溶剂组成	干燥迅速，附着力强，易打磨，适用于木料及金属基层填平，可用配套硝基漆稀释剂调整稠度
G07-4过氯乙烯腻子	由过氯乙烯树脂、醇酸树脂、颜料及有机溶剂混合研磨加工制成	用于过氯乙烯油漆饰面的基层填平、打底
室内用水性血料腻子	①大白粉∶血料（猪血原料）∶鸡脚菜=56∶16∶1（施工现场自配） ②血料腻子的商品名称"猪料灰"	适用于木质及水泥抹灰基层，易批刮填嵌，易打磨，干燥快
AB-07原子灰	由抗氧阻聚（气干型）不饱和聚酯、颜料和填料及助剂经研磨加工制成，使用时另配引发剂（参照广东珠江化工集团有限公司红云涂料厂产品）	该腻子产品原用于汽车制造业，对金属基面的嵌补处理具有显著功效，现被广泛应用于装饰装修工程的各种金属、玻璃钢、木材等表面基层填平；该产品为黏稠物，与少量引发剂混合后反应迅速，固化快，施工后约0.5h即可打磨；膜层平滑，硬度高，附着力强，填充封闭性及耐候性能优异，特别适用于高寒或湿热地区

106

木材面一般采用石膏油腻子。对于做混色油漆的木材面，头道腻子应在刷过清油后才能批嵌；做清漆的木材面，则应在润粉后才能批嵌；金属面应等防锈漆充分干燥后才能批嵌。

c. 刷调和漆：找补腻子并砂纸打磨平整后，即可刷第一遍油漆，在混色油漆中，头道漆使用调和漆。调和漆常用的有油性调和漆与磁性调和漆两种，这里的调和漆是指油性调和漆，它是以干性植物油（如桐油、亚麻子油等）为主要基料，加入着色颜料（无机化学颜料或有机化学颜料）和体质颜料（如滑石粉、碳酸钙、硫酸钡等），经研磨均匀后加入催干剂（一般为钴、锰、铅、铁、锌、钙等金属元素的氧化物或盐类），并用 200 号溶剂汽油或松节油与二甲苯的混合溶剂调配而成。装饰工程中使用的调合漆有以下几种：

（a）各色油性调合漆：由干性油、颜料、体质颜料研磨后，加催干剂、200 号油漆溶剂油调配而成。干燥慢，漆膜较软，用于涂刷室内外金属、木材面和建筑物表面。

（b）各色油性无光调合漆：由干性油、颜料、体质颜料研磨后，加催干剂、240 号油漆溶剂油调配而成，漆膜色彩柔和，用于涂刷室内墙面。

（c）各色酯胶调合漆：由干性油、多元醇松香酯熬炼后与颜料、体质颜料研磨，加入催干剂，200 号油漆溶剂油调配而成。硬度大，有一定的耐水性，用于涂刷室内外金属、木材面及建筑物表面。

（d）各色酚醛调合漆：由长油度酚醛漆料与颜料、体质颜料研磨，加催干剂和溶剂制成。光亮鲜艳，耐候性稍差，用于涂刷室内外金属和木材面。

（e）各色醇酸酯胶调和漆：由松香改性醇酸树脂、松香甘油酯涂料与颜料、体质颜料混合研磨，加入催干剂及有机溶剂制成，用于室内外金属和木材面作保护涂饰。

（f）各色醇酸调和漆：由醇酸树脂、颜料、体质颜料、催干剂和有机溶剂制成，漆膜光亮。用于涂饰木材面。

（g）各色聚酯酯胶调和漆：由涤纶下脚料、油酸、松香、季戊四醇。甘油经熬炼后，加入颜料、催干剂、200 号油漆溶剂油、二甲苯制成。自干，漆膜光亮，用于涂饰室内外金属和木材面。

调和漆一般涂刷两遍，第一遍（头道漆），以前采用厚漆（即铅油），现定额改用无光调和漆，第二遍用调和漆。较高级的混色漆涂刷三遍，头道和二道用无光调和漆，第三道面漆用调和漆。

每刷完一遍漆后，应用细砂纸轻轻打磨，使漆面光洁后再刷下一道漆。但在刷最后一遍漆前，应用水砂纸磨光，以获得平整的表面。水砂纸细磨适用于高级油漆，普通油漆（通常称为三遍成活：即底油一遍、调和漆二遍）不必水砂纸磨光。

d. 刷最后一道油漆：普通油漆的最后一道面漆，一般采用调和漆二遍或三遍。对于较高级的木材面油漆，最后一遍漆常选用磁漆罩面，即做成底油、调和漆二遍、磁漆一遍的漆面，磁漆可增加漆面的光亮及光滑程度，使漆膜更为丰满。

② 润油粉、刮腻子、调和漆、磁漆

a. 润油粉：在建筑装饰工程中，普通等级木材面油漆的头道工序多采用刷底油一遍，但为了提高油漆的质量，增强头道工序的效果，则采用润粉工艺。

润粉是以大白粉（又称白垩，分子式 $CaCO_3$）为主要原料，掺入调剂液调制而成的糊状物，根据掺入调剂液的种类不同，润粉分为油粉和水粉两种。油粉是用大白粉掺入清油

(熟桐油)和溶剂油调制而成,按需要亦可加入颜料粉;水粉是在大白粉中掺入水胶(如骨胶、鱼胶等)及颜料粉等配制而成。使用油粉或水粉,应根据木材面情况选择决定,定额中均按油粉编制。

润油粉时不用漆刷,而是用棉纱团或麻丝团沾蘸配制好的油粉,多次来回揩擦木材表面至平滑,此种做法比刷底油效果更佳。

b. 刷磁漆:按润油粉、刮腻子、调和漆、磁漆工艺所做成的油漆,一般采用润油粉一遍、调和漆一至三遍、磁化漆一至三遍、磨退出亮的做法。这里的磁漆均用于做面层漆,以取得优良的漆面效果。

磁漆,也称瓷漆,是调和漆的一种,全称为磁性调和漆,它也是以干性植物油为主要基料,在基料中加入树脂、颜料(包括着色颜料和体质颜料)、溶剂及催干剂等配制而成。这种漆的干燥性比油性调和漆好,漆膜较硬,光亮平滑,具有瓷釉般的光泽,酷似磁(瓷)器,故而简称磁(瓷)漆,以示与油性调和漆相区别。由于磁漆色泽丰富,附着力强,适用于室内装修和家具油漆,也可以用于室外的钢铁和木材表面。

磁漆根据所掺树脂的种类不同,有不同的品种,装饰工程中使用的磁漆有以下几种:

(a) 各色酯胶磁漆:由干性油、甘油松香、200 号油漆溶剂油制成中油度漆料,与颜料、体质颜料研磨,加入催干剂调配而成。光泽好,干燥处。用于涂饰室内金属和木材面。

(b) 各色酚醛磁漆:由长油度酚醛漆料与颜料、体质颜料研磨,加催干剂、200 号油漆溶剂油配成。光亮鲜艳,附着力好,耐候性稍差。用于涂饰室内金属和木材面。

(c) 各色醇酸磁漆:由中油度醇酸树脂与颜料研磨后,加入适量催干剂及有机溶剂调制而成。光泽、耐候性较好,耐水性较差。用于涂料室内外金属和木材面。

(d) 各色硝基内用磁漆:由硝化棉、松香甘油酯、顺酐树脂、增韧剂、硝基稀料和颜料制成。光泽好,耐候性较差,用于涂饰室内各种物面。

(e) 各色丙烯酸磁漆:由甲基丙烯酸酯与甲基丙烯酰胺共聚树脂、颜料、增韧剂、酯、酮、苯类溶剂制成。光泽、附着力、耐候性、防潮性良好。用于涂饰有底漆有以下几种:

定额中所列为醇酸磁漆,用量依油漆对象和油漆遍数而异。如单层木门,磁漆一遍,含量为 $2.25kg/10m^2$,磁漆两遍为 $4.28kg/10m^2$,磁漆三遍、磨退出亮为 $6.30kg/10m^2$,磁漆罩面为 $2.26kg/10m^2$ 等。

2) 木材面清漆

清漆分为油脂清漆和树脂清漆两种。装饰工程中使用的清漆有以下几种:

a. 酯胶清漆:由干性油与多元醇松香酯熬炼,加入催干剂、200 号油漆溶剂油调配而成。漆膜光亮,耐水性较好。用于涂饰木材面,也可作金属面罩光。

b. 虫胶清漆:将虫胶溶于乙醇中即成。干燥快,可使木纹更清晰。专用于木器表面装饰与保护涂层。

c. 酚醛清漆:由干性油酚醛涂料加催干剂、200 号油漆溶剂油制成。耐水性好,但易泛黄。用于涂饰木器,也可涂于油性色漆上作罩光。

d. 醇酸清漆:由中油度醇酸树脂溶于有机溶剂中,加入适量催干剂而制成。耐候性,附差力好,但耐水性较差。用于涂饰室内外金属、木材面及醇醋磁漆罩光。

e. 硝基清漆：由硝化棉、醇酸树脂、增韧剂溶于酯、醇、苯类混合溶剂中制成。光泽、耐久性良好。用于涂饰木材及金属面，也可作硝基外用磁漆罩光。

　　f. 丙烯酸清漆：由甲基丙烯酸酯与甲基丙烯酸共聚树脂、增韧剂溶于酯、醇、苯类混合溶剂中制成。耐候性、耐热性及附着力良好。用于涂饰铝合金表面。

　　g. 聚酯酯胶清漆：由涤纶下脚料，油酸、松香、季戊四醇、甘油经熬炼后，加入催干剂、200 号油漆溶剂油、二甲苯制成。自干、漆膜光亮，用于涂饰木材面，也可作金属面罩光。定额编制的油脂清漆包括酚醛清漆和醇酸清漆两种。酚醛清漆的做法一般为：清理基层、磨砂纸、抹腻子、刷底油、色油、刷酚醛清漆二遍；或按如下做法：清理基层、磨砂纸、润油粉、刮腻子、刷底油、刷色油、刷酚醛清漆二遍或三遍。

　　醇酸清漆的一般做法为：清理基层、磨砂纸、润油粉、刮腻子、刷色油、刷醇酸清漆四遍、磨退出亮。

　　木材面清漆的主要工序如表 2-5-3 所示。

木材面清漆的主要工序 表 2-5-3

项次	工序名称	普通油漆	高级油漆	项次	工序名称	普通油漆	高级油漆
1	清扫、起钉、除油污等	+	+	13	磨光	+	+
2	磨砂纸	+	+	14	第二遍油漆	+	+
3	润粉	+	+	15	磨光	+	+
4	磨砂纸	+	+	16	第三遍油漆		+
5	第一遍满刮腻子	+	+	17	磨水砂纸		+
6	磨光	+	+	18	第四遍油漆		+
7	第二遍满刮腻子		+	19	磨光		+
8	磨光	+	+	20	第五遍油漆		+
9	刷色油	+	+	21	磨退		+
10	第一遍油漆	+	+	22	打砂蜡		+
11	拼色	+	+	23	打油蜡		+
12	复补腻子	+	+	24	擦亮		+

　　① 色油。色油是一种带颜色的油漆。它介于厚漆和清漆之间，涂刷木材面上，使木材面的纹理展现出来。色油是多种油漆调配而成。

　　② 清漆。清漆是一种透明的液体油漆，多用于油漆的表层，以显示构件的底色或底纹，达到既保护面层，又有极佳的装饰效果。

　　清漆是以树脂为主要成膜物质，分油基清漆和树脂清漆两类。油基清漆俗称凡立水，系由合成树脂、干性油、溶剂、催化剂等配制而成。油基清漆的品种有酯胶清漆、酚醛清漆、醇酸清漆等。树脂清漆不含干性油，这种漆干燥迅速、漆膜硬度大、电绝缘性好、色泽光亮，但膜脆，耐热、耐候性较差。树脂清漆的品种有虫胶清漆(俗称泡立水、漆片)、环氧清漆、硝基清漆、丙烯酸清漆等。在油基清漆中加入着色颜料和体质颜料就成为调和漆。

　　定额按油基清漆编制，包括酚醛清漆和醇酸清漆。酚醛清漆俗称永明漆，是用干性油和酚醛树脂为胶粘剂而制成的。它干燥快、漆膜坚韧耐久、光泽好、并耐热、耐水、耐弱酸碱。其缺点是涂膜容易泛黄。适用于室内外木器和金属面涂饰。

醇酸清漆又叫三宝漆，是用干性油和改性醇酸树脂溶于溶剂中而制得的。这种漆的附着力、光洁度、耐久性比酯胶清漆和酚醛清漆都好，漆膜干燥快、硬度大、电绝缘性好、可抛光、打磨、色泽光亮，但膜脆、耐热、抗大气性较差。主要用于室内门窗、木地面、家具等的油漆，不宜外用。

3）木材面聚氨酯清漆

聚氨酯清漆是目前使用较为广泛的一种清漆，是优质的高级木材面用漆。木材面聚氨酯漆的一般做法是：清理基层、磨砂纸、润油粉、刮腻子、刷聚氨酯漆二遍或三遍。

彩色聚氨酯漆（简称色聚氨酯漆）的做法为：刷底油、刮腻子、刷色聚氨酯漆二遍或三遍。

① 聚氨酯漆品种中，应用较多的是双组分羟基常温固化型聚氨酯漆，使用时应按说书将甲、乙组份按一定比例配制，并需加入适量的稀释剂调稀后再使用。稀釉剂用聚氨酯涂料专用稀释剂，配比按1：1重量比，调配成混合液。

② 涂刷第一道聚氨酯漆的作用是封底，漆可适当稀一些。

③ 涂刷两道聚氨酯漆酌时间间隔不宜过长，否则漆膜变硬，不易打磨，且漆膜之间的结合力变差。

④ 木地板涂刷聚氨酯漆时，一般材质多为硬木地板，适当加些色粉，可使木材纹理及色泽更显理想，达到较佳装饰效果。

定额按两种聚氨酯漆：聚氨酯漆（685）和色聚氨酯漆分别编制，涂刷遍数有二遍、三遍。聚氨酯漆与色聚氨酯漆的区别是：聚氨酯漆是聚氨基甲酸漆的简称，它是以多异氰酸酯和多羟基化合物反应而得的聚氨基甲酸酯为主要成膜物质的油漆，是一种物美价廉的新型涂料，它在漆膜光泽度方面可与硝基漆媲美，光洁细腻；在耐久性、耐水性、耐高温性方面，与生漆不相上下，并且操作方便，施工时间短聚氨酯漆有清漆和磁漆之分，加入颜料的为磁漆，不加颜料的为清漆，由于聚氨酯漆的类别是根据成膜物质聚氨酯的组成及固化机理的不同而命名的，如湿固化型聚氨酯漆、封闭型聚氨酯漆、羟基固化型和催化固化型聚氨酯漆等所以在定额中为简便起见，以是否加入颜料而进行区别，加入颜料的为色聚氨酯漆，未加的为聚氨酯漆。

4）木材面硝基清漆磨退

硝基清漆属树脂清漆类，漆中的胶粘剂只含树脂，不含干性油。木材面硝基清漆磨退的做法为：

清漆基层、磨砂纸、润油粉、刮腻子、刷理硝基清漆、磨退出亮；

或按下列操作过程：清理基层、磨砂纸、润油粉二遍、刮腻子、刷理漆片、刷理硝基清漆、磨退出亮等。

① 基层处理。硝基清漆对基层要求严格，一切影响涂层的附着物（如灰尘、油脂、磨屑等）都要清理干净，并用砂纸打磨，使基层见到新面。如果是浅色装饰，还需要进行木材漂白。所有的虫眼、钉眼均需用腻子补平。

② 刷漆片固体（虫胶清漆、泡立水）。润油着色后，便是涂刷泡立水，也称刷理漆片或虫胶清漆。刷虫胶清漆起到封底的作用，是硝基清漆的底漆，也是一道关键的工序，一

般常用浓度为20％～25％的虫胶清漆刷理两遍。

漆片固体，又称虫胶片、干切片。虫胶是热带地区的一种虫胶虫，在幼虫时期，由于新陈代谢所分泌的胶质积累在树枝上，摘取这种分泌物，经洗涤、磨碎、除渣、熔化、去色、沉淀、烘干等工艺而制成薄片，即为虫胶片。将虫胶片用酒精(95度以上)溶解而得的溶液即为泡立水，又称洋干漆。

③ 刷硝基清漆。硝基清漆一般刷1～2遍，用硝基稀释剂稀释，第一遍漆可适当黏稠些，第二遍稍稀点，每遍之间需干燥1～2h。硝基清漆又称清喷漆，简称腊克，是硝基漆类的一种。硝基清漆的原料为硝化棉，酚醛树脂、蓖麻油、丙酮、二甲苯，一般适用于木材面、金属面的装饰。其优点为光泽度强、耐磨，是一种高级油漆，适用于木材面、金属面的涂覆装饰。

定额按硝基清漆和亚光硝基清漆编制。亚光硝基清漆是以清漆为主体，加入适量的消光剂和辅助材料调和而成的，消光剂的用量不同，漆膜的光泽度亦不相同。亚光漆的漆膜光泽度柔和、均匀、平整光滑、耐温、耐水、耐酸碱。

④ 磨退出亮是硝基清漆工艺中最后一道工序，由水磨、抛光擦蜡、涂擦上光剂等三步做法组成。因物面只有经过水磨才能有良好的光泽。水磨后使漆面无浮光无小麻点、光亮。

5) 木材面丙烯酸清漆

木材面丙烯酸清漆的做法与硝基清漆磨退类似，一般施工程序为：

基层清理→磨砂纸→润油粉一遍→刮腻子→刷醇酸清漆一遍→刷丙烯酸清漆三遍→磨退出亮。

丙烯酸清漆的主要成膜物质是甲基丙烯酸聚酯和甲基丙烯酸酯类改性醇酸树脂。丙烯酸清漆的性能优异，漆膜坚硬、机械强度高、附着力好，可与虫胶清漆、醇酸清漆配套使用，与硝基清漆相比，具有固体含量高、施工简便、工期短的特点。

丙烯酸清漆工艺中用醇酸清漆打底，再罩丙烯酸清漆三遍、磨退。丙烯酸清漆是双组分漆，使用时，组分一与组分二按1∶1.5(质量比)混合均匀(加丙烯酸稀释剂)后即可涂刷。

(2)金属面油漆

金属面油漆按油漆品种可分为调和漆、防锈漆、银粉漆、防火漆、磁漆和其他油漆等。其做法一般包括底漆和面漆两部分，底漆一般用防锈漆，面漆通常刷调和漆、银粉漆或磁漆两遍。定额编制调和漆、红丹防锈漆和磁漆，供不同类型的防锈标准使用。红丹漆是目前使用最广泛的防锈底漆，红丹(Pb_3O_4)呈碱性，能与侵蚀性介质、中酸性物质起中和作用；红丹还有较高的氧化能力，能使钢铁表面氧化成均匀的Fe_2O_3薄膜，与内层紧密结合，起强力的表面钝化作用；红丹与干性油结合所形成的铅皂，能使漆膜紧密，不透水。因此，红丹有显著的防锈作用。

金属面油漆的主要工序为：除锈去污、清扫打磨、刷防锈漆、刷调和漆或磁漆。如果只刷防锈漆或只刷调和漆、磁漆，那就套用各自的定额子目即可。

(3)抹灰面油漆

抹灰面油漆按油漆品种可分为调和漆、乳胶漆和磁漆。适用于内墙、墙裙、柱、梁、天棚等抹灰面，木夹板面，以及混凝土花格、窗栏杆花饰、阳台雨篷、隔板等小面积的装饰性油漆。

抹灰面漆的主要工序归纳为：清扫基层、磨砂纸、刮腻子、找补腻子、刷漆成活等内容。油漆遍数按涂刷要求而定，普通油漆：满刮腻子一遍、油漆二遍、中间找补腻子。中级油漆：满刮腻子二遍、油漆三遍成活。表2-5-4是抹灰面油漆的主要工序，供参考。

抹灰面涂刷油漆的主要工序 表2-5-4

项次	工序名称	中级油漆	高级油漆	项次	工序名称	中级油漆	高级油漆
1	清扫	+	+	8	第一遍油漆	+	+
2	填补裂缝磨光	+	+	9	复补腻子		+
3	第一遍满刮腻子	+	+	10	磨光		+
4	磨光	+	+	11	第二遍油漆	+	+
5	第二遍满刮腻子		+	12	磨光		+
6	磨光		+	13	第三遍油漆		+
7	干性油打底	+	+				

注：表中"十"号为进行的工序。

抹灰面油漆定额编制封油刮腻子，普通乳胶漆，胶和喷塑等4个分项。

1）封油刮腻子

封油刮腻子分项，定额包括满批腻子、清油封底和贴自粘胶带三个方面的内容，可根据油漆项目要求套用，如在天棚、墙面板缝接缝处贴自粘胶带时，则应增套子目5-245。

封油刮腻子的工艺内容包括：清扫基层、补平缝隙、孔眼、满刮腻子或嵌补缝腻子、板缝贴自粘胶带、磨砂纸等。

2）乳胶漆

乳胶漆是水性涂料的一种，以有机高分子乳液为成膜剂，加入着色颜料、体质颜料及各种助剂制成。这种漆的特点是不用溶剂而以水为分散介质，在漆膜干燥后，不仅色泽均佳，而且耐久性和抗水性良好。适用于室内外抹灰面、混凝土面和木材表面涂刷。

常用的乳胶漆有：普通乳胶漆、苯丙外墙乳胶漆、聚醋酸乙烯乳胶漆、丙烯酸乳胶漆等。乳胶漆涂饰前，应将墙面上灰土、油污等清扫干净，有裂缝或凹陷处应批嵌腻子，并用砂纸打磨平整，清除浮灰。涂上底涂料、干燥6h以上，刷涂乳胶漆可采用漆刷或排笔，先横向刷一遍再竖向刷一遍。滚涂乳胶漆可采用羊毛辊筒，先横向滚涂一遍，再竖向滚涂一遍，滚涂不到的部位，用刷涂补齐。喷涂乳胶漆可采用喷枪及空气压缩机，喷嘴口径、空气压力等依产品说明而定，喷枪头距墙面约40~50cm，先水平方向喷一遍，再垂直方向喷一遍。不需喷涂部位应事先遮盖。第一遍涂料干燥后，才能涂饰第二遍。干燥时间依乳胶漆的性能及气温而定，乳胶漆施工温度应在5℃以上，贮存温度为5~30℃。贮存期6个月。乳胶漆涂饰完后，应将机械、工具、容器等用水清洗干净。

定额编入的乳胶漆有普通乳胶漆和苯丙乳胶漆两种。定额中乳胶漆含量，对抹灰面，底漆为11kg/100m²、腻子为1.36kg/100m²、中层和面层漆均为15.45kg/100m²，则乳胶漆二遍的含量是27.81kg/100m²；对三遍乳胶漆，其含量为11＋1.36＋15.45×2＝43.26kg/100m²，（以上为全国统一基础定额或江苏省估价表含量）。

3）抹灰面过氯乙烯漆

过氯乙烯漆由过氯乙烯树脂，干性油改性醇酸树脂、邻苯二甲酸二丁酯，颜料、填充料、苯、酯、酮类溶剂调配而成。在使用过氯乙烯漆中，要与底漆、磁漆和清漆配套成组使用。抹灰面过氯乙烯漆的施工要点是：清扫基层、刮腻子、刷底油、磁漆和面层清漆。

4）喷塑

喷塑就是用喷塑涂料在物体表面制成一定形状的喷塑膜，以达到保护、装饰作用的一种涂饰施工工艺。喷塑涂料是以丙烯酸酯乳液和无机高分子材料为主要成膜物质的有骨料的新型建筑涂料。适用于内外墙、天棚、梁、柱等饰面，与木板、石膏板、砂浆及纸筋灰等表面均有良好的附着力。

喷塑涂层按涂层的结构层次分为三部分，即底层、中层和面层；按使用材料可分为底料、喷点料和面料三个组成部分，并配套使用。

① 底料：也称底油、底层、底漆或底胶水，用作基层打底，可用喷枪喷涂，也可涂刷。它的作用是渗透到基层，增加基层的强度，同时又对基层表面进行封闭，并消除基层表面有损于涂层附着力的因素，增加骨架与基层之间的结合力，底油的成分为乙烯-丙烯酸酯共聚乳液。

② 喷点料：即中间层涂料，又称骨料，是喷涂工艺特有的一层成型层，是喷塑涂层的主要构成部分。此层为大小颗粒混合的糊状厚涂料，用空压机喷枪或喷壶喷涂在底油之上，分为平面喷涂（即无凹凸点）和花点喷涂两种。花点喷涂又分大、中、小三种，即定额中的大压花、中压花、喷中点、幼点。大、中、小花点由喷壶的喷嘴直径控制，它与定额规定的对应关系见表2-5-5。喷点料10～15min后，用塑料辊筒滚压喷点，即可形成质感丰富、新颖美观的立体花纹图案。

喷点面积与喷嘴直径间的关系 表2-5-5

名　　称	定额规定的喷点面积（cm²）	喷嘴直径（mm）
大压花	1.2以上	8～10
中压花	1～1.2	6～7
中点、幼点	1以下	4～5

③ 面料。面料的作用是使涂膜平整、光泽好，另外具有保护的功能。又称面漆。一般要求喷涂不低于二道。

（4）涂料饰面

1）多彩涂料

多彩涂料是20世纪90年代的新型装饰涂料产品，具有较强的黏结力，它是水包油型材料，由白色底涂、面涂组成。该涂料是多彩内墙涂料的改型，除了具有多彩涂料的优越性外，其特点是涂膜耐光性好，不泛黄，使用期限长；涂料气味淡，能改善施工现场的环境条件；涂料黏结性能好，可在白色底涂上直接涂饰面涂，不要中涂，以提高施工效率。

可在灰浆墙面、水泥砂浆墙面、木材面、石膏板面、金属板面等各种基层上涂饰，适用于墙、柱、天棚面。

多彩涂料具有优良的耐久性、耐洗刷性、耐油性，一般的污染可用肥皂水清洗。涂膜光泽适宜、色泽丰富、质感好，被誉为无缝墙纸。

多彩涂料的施工可按底涂、中涂、面涂，或底涂、面涂的顺序进行。具体过程包括：

清扫灰土、满刮腻子、磨砂纸、刷底层、中层多彩各一遍、喷多彩涂料一遍等。

底涂的主要作用是封闭基层，提高涂膜的耐久性和装饰效果，可用喷涂或滚涂法施工。在常温条件下，底层涂料喷涂 4h 后，可进行面层涂饰。面层喷涂时，空压机压力在 $0.15\sim0.2N/mm^2$，一般喷涂一遍成活。如有涂层不均可在 4h 内进行局部补喷涂。

2）好涂壁

好涂壁涂料是一种新型的室内饰面材料。好涂壁以人造纤维或天然纤维为主要材料，其粘结材料为水溶性。该涂料色泽柔和、质地独特，具有很强的装饰质感、手感舒适、富有弹性、吸声、透气、粘结强度大、耐潮湿、防结露；且涂料不含石棉、矿棉、玻璃纤维等有害物质，无毒、无味、无污染；该涂料的不足之处是不耐洗刷。

好涂壁适用于墙、柱面及天棚面的涂饰，其施工简便，对基层要求不高，可一遍成活。一般的做法为：清扫基面灰土、批嵌、涂刷、压平等过程。

3）803、106 涂料

① 803 内墙涂料。它是 106 胶为基料，加入其他化学物，经均匀研磨而成。803 涂料无毒、无味、干燥快、粘结力强、涂层光滑、涂刷方便、装饰效果好。

803 涂料可涂刷于混凝土、纸筋石灰等内墙抹灰面，适合于内墙面装饰。该涂料的施工工艺为：清扫基层表面，刮腻子，刷浆，喷涂等过程。

② 106 内墙涂料。106 涂料以醇解度 97％聚乙烯醇树脂水溶液和模数为 3.0 以上的钠水玻璃为基料，混合一定量的填充料、颜料及少量表面活性剂，经砂磨而成的水溶性涂料，称为聚乙烯醇水玻璃内墙涂料。

聚乙烯醇水玻璃涂料无毒、无味，粘结强度较高，涂膜干燥快，能在稍潮湿的墙面上施工。常用的品种有白色、淡黄、淡蓝、淡湖绿等。适用于住宅、商店、医院、学校等建筑物的内墙涂刷。106 涂料可以用刷涂、喷涂、滚涂等施工方法，一般的施工过程为：基层处理、刮腻子、刷浆、喷涂等。

4）防霉涂料

防霉涂料有水性防霉内墙涂料和高效防霉内墙涂料之分，高效防霉涂料可对多种霉菌、酵母菌有较强的扼杀能力，涂料使用安全，无致癌物质。涂膜坚实、附着力强、耐潮湿、不老化脱落。适用于医院、制药、食品加工、仪器仪表制造行业的内墙和天棚面的涂饰。

防霉涂料施工方法简单，一般分为清扫墙面、刮腻子、刷漆料几步工序，但基层清除要严格，应去除墙面浮灰、霉菌，施工作业应采用涂刷法。

5）彩色喷涂、砂胶喷涂

① 彩色喷涂。彩色喷涂又称彩砂喷涂，是一种彩砂涂料，用空压机喷枪喷涂于基面上。彩砂涂料是以丙烯酸共聚乳液为胶粘剂，由高温烧结的彩色陶瓷粒或以天然带颜色的石屑作为骨料，外加添加剂等多种助剂配制而成。涂料的特点是：无毒、无溶剂污染、快干、不燃、耐强光、不褪色、耐污染等。利用骨料的不同组配和颜色，可使涂料色彩形成不同层次，取得类似天然石材的彩色质感。

彩砂涂料的品种有单色和复色两种。单色有：粉红、铁红、紫红咖啡、棕色、黄色、棕黄、绿色、黑色、蓝色等系列；复色是由单色组配，形成一种基色，并可附加其他颜色的斑点，质感更为丰富。

彩砂涂料主要用于各种板材及水泥砂浆抹面的外墙面装饰。

彩色喷涂的基本施工工艺为：清理基层、补小洞孔、刮腻子、遮盖不喷部位、喷涂、压平、清铲、清洗喷污的部位等操作过程。彩色喷涂要求基面平整（达到普通抹灰标准），若基面不平整，应填补小洞口，且需用 108 胶水、水泥腻子找平后再喷涂。

② 砂胶喷涂。砂胶喷涂是以粗骨料砂胶涂料喷涂于基面上形成的保护装饰涂层。砂浆涂料是以合成树脂乳液（一般为聚乙烯醇水溶液及少量氯乙烯偏二氯乙烯乳液）为胶粘剂，加入普通石英砂或彩色砂子等制成。具有无毒、无味、干燥快、抗老化、粘结力强等优点。一般用 4～6mm 口径喷枪喷涂。

(5) 裱糊墙纸饰面

裱糊墙纸是用于墙面、柱面、天棚面裱糊的墙纸或墙布。裱糊装饰材料品种繁多，花色图案各异，色彩丰富，质感鲜明，美观耐用，具有良好的装饰效果，因而颇受欢迎。

1) 墙纸分类

墙纸又称壁纸。目前较广泛使用的壁纸、墙布的主要类型与品种及其应用特点如下表所示。在新型的或传统的裱糊材料中，应用最为普遍的壁纸是聚氯乙烯（PVC）塑料壁纸，产品有多种类型，如立体发泡型凹凸花纹壁纸，防火、防水、防菌、防静电等功能性壁纸，以及方便施工的无基层壁纸、预涂胶壁纸、分层壁纸等。

常用的装饰墙布主要是以棉、麻等天然纤维或涤、暗等合成纤维经无纺成型、涂布树脂并印制彩色花纹而成的无纺贴墙布；或是以纯棉平布经过前处理、印花和涂层等工艺制成的棉质装饰布。

壁纸、墙布主要品种及应用特点，见表 2-5-6。

壁纸、墙布主要品种及应用特点   表 2-5-6

类别与品种	说　　明	应用特点
复合纸质壁纸	由双层纸（底纸和表纸）通过施胶、层压复合后，再经压花、涂布、印刷等工艺制成，其多色印刷（如 6 色预印刷、3 色沟底和点涂印刷）及同步压花工艺，使产品具有鲜明的立体浮雕质感和丰富的色彩效果	由于是纸质壁纸，故造价较为低廉；无异味，火灾事故中发烟低，不产生有毒有害气体；多色深压花纸质复合壁纸可达到一般高发泡 PVC 塑料壁纸及装饰墙布的质感、层次感以及色泽和凹凸花纹持久美观的效果；由于其表面涂敷透明涂层，故具有耐擦洗特性
聚氯乙烯（PVC）塑料壁纸	以纸为基材，以聚氯乙烯塑料薄膜为面层，经复合、压延、印花、压花等工艺制成，有普通型、发泡型、特种型（功能型）以及仿瓷砖、仿文化墙、仿碎拼大理石、仿皮革或织物等外观效果的浮雕装饰型等众多花色品种	执行国家标准 QB/T 3805—1999，以及国际壁纸标准（IGI1987）、欧洲标准（PREN233）等，此类产品具有一定的伸缩性和抗裂强度，耐折、耐磨、耐老化，装饰效果好，适用于各种建筑物内墙、天棚、梁柱等的贴面装饰；其缺点是有的品种会散发塑料异味和火灾燃烧时有烟一定危害
纺织艺术壁纸	由棉、麻、毛、丝等天然纤维及化学纤维制成的各种色泽花式的粗细砂或织物与纸质基材复合而成；另有用扁草、竹丝或麻条与棉线交织后同纸基贴合制成的杆物纤维壁纸，亦属此类，具有鲜明的肌理效果	此类裱糊材料的大部分品种具有无毒环保、吸声、透气及一定的调湿和保温功效。饰面的视觉效果独特，尤其是天然纤维的质感纯朴、生动；其缺点是防污及可擦洗性能较差，易受机械损伤，对于保养的要求较高；适宜于饭店宾馆重要房间、接待室、会议室及商用橱窗等裱糊工程

类别与品种	说　明	应用特点
金属壁纸	主要是以铝箔为面层复合于纸质基材的壁纸产品，表面进行各种处理，亦可印花或压花	表面具有镜面不锈钢和黄铜等金属饰面质感及鲜明的光泽效果，耐老化、耐擦洗、抗沾污，使用寿命长，多被用于室内天花板、柱面裱糊及墙面局部与其他饰面配合进行贴覆装饰
玻璃纤维墙布	以中碱玻璃纤维布为基材，表面涂覆耐磨树脂再进行印花等加工制成	色彩鲜艳，花式繁多，不褪色、不老化、不变形、耐洗刷性优异，在工程中可以掩盖基层裂缝等缺陷，最适宜用于轻质板材基面的裱糊装饰；由于该材料具有优良的自熄性能，故宜用于防火要求高的建筑室内；其缺点是盖底能力较差，涂层磨损后会有少量纤维散出而影响美观
无纺贴墙布	采用棉、麻等天然植物纤维或涤纶、腈纶等化工合成纤维，经无纺成形、涂布树脂及印花等加工制成	表面光洁，色彩鲜艳，图案雅致，有弹性，耐折、耐擦洗、不褪色，纤维不老化、不分散，有一定的透气性和防潮性能且裱粘方便；适用于各种建筑室内裱糊工程，其中涤纶棉无纺墙布尤其适宜高级宾馆及住宅的高级装饰
化纤装饰墙布	以化学纤维布为基材，经加工处理后印花而成	具有无毒、无异、透气、防潮、耐磨、无分层等优点，其应用技术与PVC壁纸基本相同
棉质装饰墙布	采用纯棉平布经过前处理、印花、涂层等加工制成	无毒、无异味，强度好，静电小，吸声，色彩及花型美观大方，适用于高级装饰工程
石英纤维墙布（奥地利海吉布）	采用天然石英材料编织的基材，背带黏结胶，表面为双层涂饰，总厚度为 0.7～1.4mm，具有各种色彩和不同的肌理效果，形成胶粘剂、墙布和涂料三者结合的复合装饰材料	不燃、无毒、抗菌、防霉、不变色、安全环保，可使用任何化学洗涤剂进行清洗，耐洗刷可达10000次以上；饰面具有透气性，可保证15年以上的使用寿命并可5次更换表面涂层颜色；可用于各种材质的墙面裱糊
锦缎墙布	为丝织物的裱糊饰面品种	花纹图案绚丽，风格典雅，可营造高贵富丽的环境气氛；突出缺点是不能擦洗、容易长霉，且造价较高，只适用于特殊工程的裱糊饰面
装饰墙毡	以天然纤维或化学纤维，如麻、毛、丙烯腈、聚丙烯、尼龙、聚氯乙烯等纤维，经黏合、缩绒或纺粘等工艺加工制成，品种分为机织毡、压呢毡和针刺毡等	具有优良的装饰效果，并有一定的吸声功能，易于清洁，为建筑室内高档的裱糊饰面材料，可以用于墙面或柱面的水泥砂浆基层、木质胶合板基层及纸面石膏板等轻质板材基层表面

　　壁纸、墙布的一般规格尺寸，见表 2-5-7。根据 QB/T 3805—1999《聚氯乙烯壁纸》的规定，每卷壁纸的长度为 10m 者，每卷为 1 段；每卷壁纸的长度为 50m 者，其每卷的段数及每段长度应符合表 2-5-8 的规定。

常用壁纸、墙布的规格尺寸 表 2-5-7

品 种	规格尺寸			备 注
	宽度(mm)	长度(m)	厚度(mm)	
聚氯乙烯壁纸	530(±5) 900~1000(±10)	10(±0.05) 50(±0.50)		QB/T 3805－1999
纸基涂塑壁纸	530	10		天津新型建材二厂产品
纺织纤维墙布	500，1000	按用户要求		西安市建材厂产品
玻璃纤维墙布	910(±1.5)		0.15(±0.015)	统一企业标准 CW150
装饰墙品	820~540	50	0.15~0.18	天津第十六塑料厂产品
无纺贴墙布	850~900		0.12~0.18	上海无纺布厂产品

50m/卷壁纸的每卷段数及段长 表 2-5-8

级别	每卷段数(不多于)	每小段长度(不小于)
优等品	2 段	10m
一等品	3 段	3m
合格品	6 段	3m

2）裱糊墙纸的基本施工方法

对于定额所列三类墙纸(布)，其施工操作过程如下：

清扫基层→批补→刷底油→找补腻子→磨砂纸→配置贴面材料→裁墙纸(布)→裱糊刷胶→贴装饰面等。

① 基层表面处理

基层表面清扫要严格，做到干燥、坚实、平滑。局部麻点需先用腻子补平，再视情况满刮一遍腻子或满刮两遍腻子，而后用砂纸磨平。墙面常用腻子配合比见表 2-5-9 所示。

墙面腻子重量配合比 表 2-5-9

聚醋酸乙烯乳液	滑石粉	羧甲基纤维素溶液(浓度 1%)
8~10	100	20~30

裱糊墙纸前，宜在基层表面刷一道底油，以防止墙身吸水太快使粘结剂脱水而影响墙纸粘贴。

② 弹线。为便于施工，应按设计要求，在墙、柱面基层上弹出标志线，即弹出墙纸裱糊的上口位置线，和弹出垂直基准线，作为裱糊的准线。

③ 裁墙纸(布)。根据墙面弹线找规矩的实际尺寸，确定墙纸的实际长度，下料长度要预留尺寸，以便修剪，一般此实贴长度略长 30~50mm。然后按下料长度统筹规划裁割墙纸，并按裱糊顺序编号，以备逐张使用。若用贴墙布，则墙布的下料尺寸，应比实际尺寸大 100~150mm。

④ 闷水。塑料墙纸遇到水或胶液，开始则自由膨胀，约 5~10min 胀足，而后自行收缩。掌握和利用这个特性，是保证裱糊质量的重要环节。为此，须先将裁好的墙纸在水中浸泡约 5~10min，或在墙纸背面刷清水一道，静置，亦可将墙纸刷胶后叠起静置，

使其充分胀干，上述过程俗称闷水或浸纸。玻璃纤维墙布，无纺墙布，锦缎和其他纤维织物墙布，一般由玻璃纤维、化学纤维和棉麻植物纤维的织物为基材，遇水不胀，故不必浸纸。

⑤ 涂刷胶粘剂。将浸泡后膨胀好的墙纸，按所编序号铺在工作台上，在其背面薄而均匀地刷上胶粘剂。宽度比墙纸宽约 30~50mm，且应自上而下涂刷。使用最多的裱糊胶粘剂有聚醋酸乙烯乳液和聚乙烯醇缩甲醛（108 胶）等，其重量配合比如表 2-5-10 所示。

裱糊塑料墙纸常用胶粘剂配合比 表 2-5-10

原材料 配合比	聚乙烯醇缩甲醛胶 （108 胶）	羧甲基纤维素 （浓度 2.5%）	聚醋酸乙烯乳液	水
1	100	30		50
2	100		20	适量
3		100	30（掺少量 108 胶）	

注：在涂刷织锦缎胶粘剂时，由于锦缎质地柔软，不便涂刷，需先在锦缎背面裱衬一层宣纸，使其挺括而不变形，然后将粘结剂涂刷在宣纸上即成。也有织锦缎连裱宣纸的，这样施工时就不需再裱衬宣纸了。

⑥ 裱糊贴饰面。墙纸上墙粘贴的顺序是从上到下。先粘贴第一幅墙纸，将涂刷过胶粘剂的墙纸胶面对胶面折叠，用手握墙纸上端两角，对准上口位置线，展开折叠部分，沿垂直基准线贴于基层上，然后由中间向外用刷子铺平，如此操作，再铺贴下一张墙纸。

墙纸裱贴是要将一幅一幅的墙纸（布）拼成一个整体，并有对花和不对花之分。墙纸裱糊拼缝的方法一般有四种：对接拼缝、搭接拼缝、衔接拼缝和重叠裁切拼缝。图案对花一般有横向排列图案、斜向排列图案和不对称排列图案三种情况。按规定方法拼缝、对花，就能取得满意的装饰效果。

⑦ 修整。裱糊完后，应及时检查，展开贴面上的皱折、死折。一般方法是用干净的湿毛巾轻轻揩擦纸面，使墙纸湿润，再用手将墙纸展平，用压滚或胶皮刮板赶压平整。对于接缝不直，花纹图案拼对不齐的，应撕掉重贴。

（6）常用油漆、涂料配合比

现将油漆、涂料工程中常用油漆、涂料及腻子的配合比分列如下，供使用时参考。

1）油漆、腻子配合比

① 石膏油腻子：

刮石膏油腻子（用于门窗），1（熟桐油）：1（石膏板）：水适量

刮石膏油腻子（用于地板），1（熟桐油）：1.5（石膏粉）：水适量

抹找石膏油腻子，1（熟桐油）：2（石膏粉）：水适量

② 润油粉，60（大白粉）：20（松节油）：8（调和漆）：7（清油）：5（熟桐油）

③ 润水粉，90（大白粉）：7（色粉）：3（骨胶）

④ 漆片腻子，1（漆片）：4（酒精）：2.5（石膏粉）：色粉（占石膏粉 5%）

⑤ 木材面底油，15（熟桐油）：15（清油）：70（溶解油）

⑥ 色漆，60%（浅色）：20%（中色）：20%（深色）

⑦ 油色，10%（色调和漆）：10%（清漆）：10%（清油）：70%（溶剂油）

⑧ 磨退：醇酸清漆磨退，分别加醇酸稀释剂 15%~20%

刷理漆片，17.25(漆片)∶82.75(酒精)；

刷理硝基清漆，1(硝基清漆)∶1～4(硝基漆稀释剂)

⑨ 酚醛清漆，90(酚醛漆)∶10(油漆溶剂油)

⑩ 醇酸磁漆，90(磁漆)∶10(醇酸稀释剂)

⑪ 聚氨酯漆，90(酯漆)∶10(二甲苯)

⑫ 过氯乙烯五遍成活：

底漆，77(过氯乙烯底漆)∶23(过氯乙烯稀释剂)

磁漆，80(过氯乙烯磁漆)∶20(过氯乙烯稀释剂)

清漆，80(过氯乙烯清漆)∶20(过氯乙烯稀释剂)

2) 金属面油漆配合比

① 调和漆，95(调和漆)∶5(油漆稀释剂)

② 醇酸磁漆，95(磁漆)∶5(醇酸漆稀释剂)

③ 过氯乙烯五遍成活：

底漆，77(过氯乙烯底漆)∶23(过氯乙烯稀释剂)

磁漆，80(过氯乙烯磁漆)∶20(过氯乙烯稀释剂)

清漆，80(过氯乙烯清漆)∶20(过氯乙烯稀释剂)

④ 沥青漆，45(石油沥青)∶50(油漆溶剂油)∶5(清油)

⑤ 红丹防锈漆，95(红丹防锈漆)∶5(油漆溶剂油)

⑥ 磷化底漆，90(磷化底漆)∶7.5(乙醇)∶2.5(丁醇)

⑦ 锌黄底漆，90(锌黄底漆)∶10(醇酸漆稀释剂)

3) 抹灰面油漆配合比

① 抹灰腻子，88(大白粉)∶2(羧甲基纤维素)∶10(聚醋酸乙烯乳液)

② 批胶腻子，88(滑石粉)∶2(羧甲基纤维素)∶10(聚醋酸乙烯乳液)

③ 抹找石膏油腻子，1(熟桐油)∶1.5(石膏粉)

④ 底油，20(熟桐油)∶20(清油)∶60(油漆溶剂油)

⑤ 调和漆，100%

⑥ 无光调和漆，90(调和漆)∶10(油漆溶剂油)

⑦ 无光调和漆面漆，95(调和漆)∶5(油漆溶剂油)

4) 其他油漆材料

① 油漆溶剂油(稀釉剂)、洗刷子、擦手等用的辅助溶剂油，油基漆取总用量5%，其他漆类取总用量的10%。

② 酒精(抗冻剂)，取石膏腻子中石膏粉用量的2%；

③ 催干剂，按油漆总用量的1.7%计取，石膏油腻子使用的熟桐油同样加1.7%；

④ 漆片酒精，木疤及沥青等污迹处理点、节使用；

⑤ 浮石粉，磨擦膜及补棕眼用；

⑥ 蜡、砂蜡及上光蜡，分别加煤油10%；

⑦ 石蜡、加溶剂油3%(找蜡腻子用)；

⑧ 地板蜡，加煤油10%；

⑨ 磷化底漆除油剂，洗衣粉。

5）水质涂料配合比

① 白水泥浆，80（白水泥）：17（107胶）：3（色粉）

② 石灰油浆：

$$清油使用量＝块石灰使用量×（1＋损耗率）×30\%（清油比）$$

$$色粉使用量＝\frac{块石灰使用量}{1-5\%（色粉比）}-块石灰使用量$$

注：清油加入量占块石灰总用量30%；色粉加入量占块石灰总用量5%。

③ 石灰浆应加入工业食盐，加入量应为块石灰用量1%～3%：

$$食盐用量＝\frac{块石灰使用量}{1-（1\%～3\%）食盐用量}-块石灰使用量$$

④ 大白浆加入羧甲基纤维素2.1%，（8）色粉3.34%；

⑤ 红土子浆，85（红土子）：15（血料）；

⑥ 水泥浆，77（水泥）：8（块石灰）：15（血料）；

⑦ 可塞银浆，78（可塞银）：4：（大白粉）20：0.6（羧甲基纤维素）：1（骨胶）；

⑧ 内用乳胶漆，80（乳胶漆）：20（水）；

⑨ 外用乳胶漆，100%乳胶漆。

2．油漆、涂料、裱糊工程定额换算。

（1）油漆、涂料定额中规定的喷、涂刷的遍数，如与设计不同时，可按每增减一遍相应定额子目执行。

（2）市场油漆涂料品种繁多，定额是按常规品种编制的，设计用的品种与定额不符时，单价可以换算，其余不变。

木材面设计亚光聚氨酯清漆时，按聚氨酯漆材料单价调整，其他不变。

设计半亚光硝基清漆时，套用亚光硝基清漆相应子目，人工、材料均不调整。

（3）油漆、涂料工程，定额已综合了同一平面上的分色及门窗内外分色所需的工料，除需做美术、艺术图案者可另行计算，其余工料含量均不得调整。

（4）裱糊墙纸子目已包括再次找补腻子在内，裱糊织锦缎定额中，已包括宣纸的裱糊工料费在内，不得另计。

（5）木门、木窗贴脸、披水条、盖口条的油漆已包括在相应木门窗定额内，不得另行计算。

（6）油漆、涂料工程定额其他材料费中已包括3.60m高以内的脚手费用在内。

（二）油漆、涂料、裱糊工程量计算

1．天棚、墙、柱、梁面的喷（刷）涂料、抹灰面乳胶漆及裱糊项目：

其工程量按实喷（刷）面积以平方米（m²）计算，但不扣除0.3m²以内的孔洞面积。

喷（刷）涂料项目，应按不同涂料品种，喷刷遍数，喷刷物基层，分别计算其工程量。

喷塑项目，应按不同花点、喷涂物基面，分别计算其工程量。

裱糊项目，应按不同裱糊材料，对花与不对花，裱贴基面，分别计算其工程量。

2．木材面油漆工程量

装饰工程中木材面油漆的项目很多，为了简化定额内容和简化计算工程量，定额的木材油漆部分制定了"单层木门"、"单层木窗"、"木扶手（不带托板）"、"其他木材面"、"窗台板、筒子板"、"踢脚线"、"橱、台、柜"、"墙裙"、"木地板"九项定额内容，其余项目的木材面油漆均分别乘以一定的折算系数，列入上述项目内套用定额。即：各项木材面的油漆工程量按构件的工程量乘相应系数（常称折算系数），以平方米（m^2）计算。构件的工程量按表 2-5-11 至表 2-5-16 的规定计算，系数列在相应的表格内。

（1）套用单层木门定额的项目工程量计算方法及相应系数，见表 2-5-11。

套用单层木门定额的项目折算系数表　　　　　　　　表 2-5-11

项 目 名 称	系 数	工程量计算方法
单层木门	1.00	按单面洞口面积计算
双层（一玻一纱）木门	1.36	
双层（单裁口）木门	2.00	
单层全玻门	0.83	
木百叶门	1.25	

（2）套用单层木窗定额的项目工程量计算方法及相应系数，见表 2-5-12。

套用单层木窗定额的项目折算系数表　　　　　　　　表 2-5-12

项 目 名 称	系 数	工程量计算方法
单层玻璃窗	1.00	按单面洞口面积计算
双层（一玻一纱）木窗	1.36	
双层框扇（单裁口）木窗	2.00	
双层框三层（二玻一纱）木窗	2.60	
单层组合窗	0.83	
双层组合窗	1.13	
木百叶窗	1.50	

（3）套用木扶手定额的项目工程量计算方法及系数，见表 2-5-13。

套用木扶手定额的项目工程量系数　　　　　　　　表 2-5-13

项 目 名 称	系 数	工程量计算方法
木扶手（不带托板）	1.00	按延长米计算
木扶手（带托板）	2.60	
窗帘盒	2.04	
封檐板、顺水板	1.74	
挂衣板、黑板框、单独木线条100mm以外	0.52	
挂镜线、窗帘棍、单独木线条100mm以内	0.35	

（4）套用其他木材面定额的项目工程量计算方法及系数，见表 2-5-14。

套用其他木材面定额的项目工程量系数　　　　　表 2-5-14

项 目 名 称	系数	工程量计算方法
木板、纤维板、胶合板 天棚、檐口	1.00	
清水板条天棚、檐口	1.07	
木方格吊顶天棚	1.20	
吸声板、墙面、天棚面	0.87	长×宽
鱼鳞板墙	2.48	
木护墙、墙裙	0.91	
窗台板、筒子板、盖板	0.82	
暖气罩	1.28	
屋面板（带檩条）	1.11	斜长×宽
木间壁、木隔断	1.90	
玻璃间壁露明墙筋	1.65	单面外围面积
木栅栏、木栏杆（带扶手）	1.82	

（5）套用木墙裙定额的项目工程量计算及系数，见表 2-5-15。

套用木墙裙定额的项目工程量系数　　　　　表 2-5-15

项目名称	系数	工程量计算方法
木墙裙	1.00	净长×高
有凹凸、线条几何图案的木墙裙	1.05	

（6）踢脚线按延长米计算，如踢脚线与墙裙材料相同，应合并在墙裙工程量中。

（7）橱、台、柜工程量计算，按展开面积计算。

（8）窗台板、筒子板（门、窗套），不论有拼花图案和线条均按展开面积计算。

（9）套用木地板定额的项目工程量计算及系数，见表 2-5-16。

套用木地板定额的项目工程量计算及系数　　　　　表 2-5-16

项目名称	系数	工程量计算方法
木地板	1.00	长×宽
木楼梯（不包括底面）	2.30	水平投影面积

　　计算工程量时，对不同油漆材料、油漆层次、做法、油漆遍数、油漆基层均应分别计算其油漆工程量。

　　3. 金属面油漆工程量

　　金属面油漆部分定额制定了"单层钢门窗"、"其他金属面"二项定额内容，其余项目的金属面油漆乘以一定的折算系数，分别列入"单层钢门窗"和"其他金属面"项目内套用定额。

　　各项金属面的油漆工程量按各构件的工程量乘以相应的系数（即折算系数）计算。各金属构件工程量计算方法和折算系数列在表 2-5-17 及表 2-5-18 内。

套用单层钢门窗定额项目工程量计算及系数 表 2-5-17

项 目 名 称	系数	工程量计算方法
单层钢门窗	1.00	
双层（一玻一纱）钢门窗	1.48	
钢百叶钢门	2.74	洞口面积
半截百叶钢门	2.22	
满钢门或包铁皮门	1.63	
钢折叠门	2.30	

套用其他金属面定额项目工程量计算及系数 表 2-5-18

项 目 名 称	系数	工程量计算方法
钢屋架、天窗架、挡风架、屋架梁、支撑、檩条	1.00	
墙架（空腹式）	0.50	
墙架（格板式）	0.82	
钢柱、吊车梁、花式梁柱、空花构件	0.63	
操作台、走台、制动梁钢梁车挡	0.71	重量（t）
钢栅栏门、栏杆、窗栅	1.71	
钢爬梯	1.18	
轻型屋架	1.42	
踏步式钢扶梯	1.05	
零星铁件	1.32	

（1）套单层钢门窗定额的项目，其油漆工程量按表 2-5-17 规定计算后再乘以相应的表列系数。

（2）套用其他金属面定额的项目，其油漆工程量按表 2-5-18 规定计算，并乘以表列系数。

不同油漆材料、油漆遍数、油漆物基层，均应分别计算其油漆工程量。

4. 抹灰面油漆、涂料工程量

套用抹灰面定额的项目，按表 2-5-19 规定计算的工程量乘相应系数，即得抹灰面的油漆、涂料工程量。

套用抹灰面定额的项目工程量及系数 表 2-5-19

项目名称	系数	工程量计算方法
槽形底板、混凝土折板	1.30	
混凝土各种有梁板	1.30	板底长×宽
密肋、井字梁底板	1.00	
混凝土平板式楼梯底	1.30	水平投影面积

不同油漆材料、油漆遍数、油漆物基层，均应分别计算其油漆工程量。

5. 木材面油漆折算系数的计算

（1）木材面油漆面积系数

木材面的油漆是按其露明部分的面积进行涂刷的，但计算复杂，为了简化工程量计算，定额规定统一按单层面积计算，这样，在实际油漆面积与计算面积之间，就有一个比值，这个比值称为油漆面积系数。它的计算式为：

$$油漆面积系数＝\frac{实际油漆面的展开面积}{按单面长宽计算的面积（或长度）}$$

（2）木材面油漆折算系数

求出所有木门的油漆面积系数与单层木门的油漆面积系数的比值、所有木窗的油漆面积系数与单层玻璃窗的油漆面积系数的比值、所有以长度计算的木构件系数与木扶手（不带托板）的相应系数的比值、木楼梯的系数与木地板的系数的比值、其余以面积计算的木构件的系数与木板纤维板胶合板天棚的系数的比值，即得表2-5-20所列的数据，即为折算系数。木材面油漆项目折算系数列于表2-5-20。

木材面油漆折算系数　　　　　　　　　　　　　表2-5-20

项目名称	折算系数	项目名称	折算系数	项目名称	折算系数
单层木门	1.00	三层（二玻一纱）窗	2.60	纤维板、木板、胶合板天棚	1.00
带上亮木门	0.96	单层组合窗	0.83	木方格吊顶天棚	1.20
双层（一玻一纱）木门	1.36	双层组合窗	1.13	鱼鳞板墙	2.48
单层全玻门	0.83	木百叶窗	1.50	暖气罩	1.28
单层半玻门	0.90	不包括窗套的单层木窗扇	0.81	木间壁、木隔断	1.90
不包括门套的单层门扇	0.81	木扶手（不带托板）	1.00	玻璃间壁露明墙筋	1.65
凹凸线条几何图案造型木门	1.05	木扶手（带托板）	2.60	木栅栏、木栏杆（带扶手）	1.82
木百叶门	1.25	窗帘盒（箱）	2.04	木墙裙	1.00
单层玻璃窗	1.00	窗帘棍	0.35	有凹凸线条、几何图案的木墙裙	1.05
双层（一玻一纱）窗	1.36	装饰线缝宽在150mm内	0.35	木地板	1.00
双层（单裁口）窗	2.00	装饰线缝宽在150mm外	0.52	木楼梯（不包括底面）	2.30

二、油漆涂料饰面工程的预算编制注意事项

（一）油漆涂料饰面定额的制定

油漆涂料的饰面一般由底油、腻子和面漆等三部分组成，其中：

底油：又称打底、刷底油、刷底漆等。它的施工工艺很多，最简单的做法是涂刷底油，其他还有润油粉、润水粉等。

腻子：俗称刮腻子、刮灰。根据工艺精度要求确定不同的遍数，一般分满批腻子和找补腻子。

面漆：涂刷面层油漆或涂料，品种质量繁多，表现得丰富多彩。

涂刷对象无论是木质、金属和抹灰面，都是按这三部分要求进行增减。因此，油漆涂料饰面的定额就是按这三部分要求进行制定。

（二）木门窗"润油粉、刮腻子、调和漆两遍、磁漆一遍"的定额制定

1. "润油粉、刮腻子、调和漆两遍、磁漆一遍"的定额材料量计算

该工艺的施工内容和定额取定值如下：

（1）润油粉：由大白粉60%、熟桐油8%、油漆溶剂油20%、清油12%等调和成胶质状，按12kg/100m² 取定。用杂麻绳团沾其油粉揩擦木材表面，杂麻绳团按1.5kg/100m² 取定。

（2）刮腻子：先满批腻子一遍，按：3kg/100m² 取定，由熟桐油和石膏粉各按50%调和而成。待干经砂磨处理，再找补腻子，按0.9kg/100m² 取定，由熟桐油33.33%、石膏粉66.67%调和而成。为防冻抗冻需要，另按石膏粉的2%增用酒精。

（3）调和漆两遍：每遍按10.1kg/100m² 取定。催干剂按0.47kg/100m² 取定。洗刷用油漆溶剂油按1.617kg/100m² 取定。

（4）磁漆一遍：按8.5kg/100m² 取定。醇酸稀释剂按0.44kg/100m² 取定。

各种材料的定额用量按下式计算：

$$材料定额量＝计算取用量×（1＋损耗率）×油漆面积系数$$

上式中：

计算取用量：是指各种材料根据配比计算后的计算用量。上述工艺的计算取用量统计，见表2-5-21。

"润油粉刮腻子、调和漆两遍、磁漆一遍"定额材料取定用量统计表　　表2-5-21

材料名称	润油粉 取定 12kg/100m²		刮腻子				计算取用量	损耗率
	配比	配量	满批 3kg/100m²		找补 0.9kg/100m²			
			配比	配量	配比	配量		
大白粉	60%	7.20kg					7.20kg	8%
熟桐油	8%	0.96kg	50%	1.50kg	33.33%	0.30kg	2.76kg	4%
溶剂油	20%	2.40kg			1.617kg（洗刷油漆用）		4.017kg	4%
清油	12%	1.44kg					1.44kg	3%
石膏粉			50%	1.50kg	66.67%	0.6kg	2.10kg	5%
无光调和漆	每遍按10.10kg/100m² 取定，共二遍						20.20kg	3%
醇酸磁漆	按一遍取定						8.50kg	3%
杂麻绳	按1.5kg/100m² 取定						1.50kg	
酒精	按石膏粉的2%取用，即2.1×0.02＝0.042						0.042kg	
催干剂	按0.47kg/100m² 取定						0.47kg	
醇酸稀释剂	按0.44kg/100m² 取定						0.44kg	
砂纸	按20张/100m² 取定						20张	
白布	按0.014m²/工日取定						0.46m²	

计算出定额的材料用量，如：

大白粉定额用量$=7.2\times1.08\times2.4=18.66(kg/100m^2)$

熟桐油定额用量$=2.76\times1.04\times2.4=6.89(kg/100m^2)$

油漆溶剂油定额用量$=4.017\times1.04\times2.4=10.03(kg/100m^2)$

如此类推，得：清油 3.55、石膏粉 5.30、无光调和漆 49.94、醇酸磁漆 21.02、杂麻绳 3.60、酒精 0.10、催干剂 1.13、醇酸稀释剂 1.06、砂纸 48、白布 0.53。

2．"润油粉、刮腻子、调和漆两遍、磁漆一遍"的定额人工量计算

定额人工工日按 1985 年劳动定额中的相应项目和有关规定计算。但对于该项工艺内容，劳动定额中没有现成的综合时间定额可供套用，因此，需经换算求得综合时间定额，换算办法是将各单项施工过程的时间定额摘录出来进行综合，见表 2-5-22。

单层木门综合时间定额换算表

表 2-5-22

工艺名称	选用劳动定额编号	时间定额（10m²）	备注
刷底油一遍	§12-1-21-（二）	0.769	
满刮透明腻子一遍	§12-1-21-（三）	0.870	
刷调和漆一遍	§12-1-5-（三）	0.483	
刷调和漆二遍	§12-1-5-（四）	0.402	
刷磁漆一遍	§12-1-5-（五）	0.322×1.33	按油-4规定2
综合时间定额		2.952	

对木门窗的油漆定额要综合考虑以下情况：

（1）对先安玻璃后做油漆者占 6%，先做油漆后安玻璃者占 94%综合考虑。

（2）对内外分色者占 40%，不分色者占 60%综合考虑。

（3）对油漆颜色按白色或乳黄色者占 60%，其他色者占 40%综合取定。

（4）根据劳动定额油漆玻璃第一章四有关规定 1，考虑增加 4%的配料用工，并考虑人工幅度差 10%。

按上述考虑内容计算定额人工见表 2-5-23。

单层木门"润油粉、刮腻子、调和漆两遍、磁漆一遍"定额人工计算表

表 2-5-23

工序名称	数量	单位	劳动定额编号	劳动时间定额	消耗工日数量
①	②	③	④	⑤	⑥＝②×⑤
润油粉，刮腻子，调和漆两遍，磁漆一遍	1.00	100m²	如表2-5-22计算的综合定额	29.52	29.52
1. 先安玻璃后油漆	6%	100m²		29.52×1.18	2.09
先油漆后安玻璃	94%	100m²	12-1规定3	29.52	27.75
小计					29.84
2. 内外分色一面为白、乳黄色	0.40	100m²	12-1规定	29.84×1.05～1.11	12.89
不分色	0.60	100m²		29.84	17.9
小计					30.79

工序名称	数量	单位	劳动定额编号	劳动时间定额	消耗工日数量
3. 油白、乳黄色漆	0.60	100m²	12-1章说明四-3	30.79×1.11	20.5
其他油漆	0.40	100m²		30.79	12.32
小计					32.82
4. 配料用工	32.82	工日	12-1章说明四-1	4%	1.313
小计					34.13
人工幅度差：10%				总计	37.55

（三）抹灰面"乳胶漆两遍"定额的制定

乳胶漆定额材料量的计算

涂刷乳胶漆不打底油，只刮腻子。抹找腻子按 1.5kg/100m² 取定，由大白粉 88%、羧甲基纤维素 2%、聚醋酸乙烯乳液 10% 进行调和而成。

批胶腻子按 15kg/100m² 取定：由滑石粉 88%、羧甲基纤维素 2%、聚醋酸乙烯乳液 10% 进行调和而成。

按上述配料的材料计算取用量，和按计算的定额用量如表 2-5-24 所示。

抹灰面乳胶漆定额材料量计算表 表 2-5-24

材料名称	抹找腻子 1.5kg		批胶腻子 15kg		乳胶漆		计算取用量 kg	损耗率 %	定额用量 每 100m²
	配比	配量	配比	配量	头遍	二遍			
滑石粉			88%	13.20			13.20	5%	13.86kg
羧甲基纤维素	3%	0.03	2%	0.30			0.33	3%	0.34kg
聚醋酸乙烯乳液	10%	0.15	10%	1.50			1.65	3%	1.70kg
大白粉	88%	1.32					1.32	8%	1.43kg
乳胶漆					12.00	15.00	27.00	3%	27.81kg
砂纸		2		2	2				6 张
白布	0.014m²/工日×3.8 工日								0.05m²

三、油漆涂料工程预算编制实例

【例1】如图 2-5-1 所示设计要求单层钢窗刷防锈漆一遍、调和漆两遍。试求油漆工程量。

【解】（1）定额工程量

$$1.5×1.5m² = 2.25m²$$

【注释】1.5 表示即表示钢窗的宽度，又表示钢窗的高度。两部分相乘得出钢窗所刷油漆的工程量。

假设该图为一玻一纱双层钢窗，则工程量计算如下：

$$1.5×1.5×1.48m² = 3.33m²$$

【注释】1.5×1.5 表示钢窗的面积。1.48 表示钢窗工程量的折算系数。

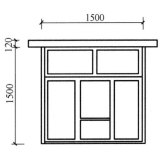

图 2-5-1 钢窗示意图

套用基础定额 11-594。

（2）清单工程量

$$1.5 \times 1.5 = 2.25$$

清单工程量计算见表 2-5-25。

清单工程量计算表　　　　　　　　　　　　表 2-5-25

项目编码	项目名称	项目特征描述	计量单位	工程量
011402002001	金属窗油漆	钢窗，防锈漆一遍、调和漆两遍	m²	1.5×1.5＝2.25

【例2】如图 2-5-2 所示，假设下列双层木窗分别为 37、2、4、25 樘，均刷调和漆两遍，试求其工程量。

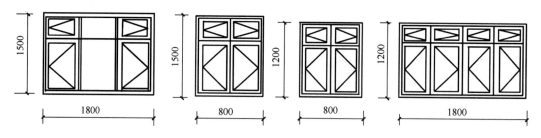

图 2-5-2　木窗示意图

【解】（1）定额工程量：

C-1—1518　　37×1.5×1.8m²＝99.90m²

【注释】37 表示樘数，1.5 表示木窗的高度，1.8 表示木窗的宽度。

C-1—1508　　2×1.5×0.8m²＝2.40m²

【注释】2 表示樘数，1.5 表示木窗的高度，0.8 表示木窗的宽度。

C-1—1208　　4×1.2×0.8m²＝3.84m²

【注释】4 表示樘数，1.2 表示木窗的高度，0.8 表示木窗的宽度。

C-1—1218　　25×1.2×1.8m²＝54.00m²

【注释】25 表示樘数，1.2 表示木窗的高度，1.8 表示木窗的宽度。

小计　　160.14m²

套用消耗量定额 5-001。

双层木窗工程量＝160.14×1.36m²＝217.79m²

【注释】160.14 表示木窗的工程量。1.36 表示木窗工程量的折算系数。

（C-1—1518，即 1.5m 高，1.8m 宽，下同）

1.36 为系数，见工程量计算规则。如为单层木窗，则不乘以系数 1.36。

（2）清单工程量计算同计算工程量。

清单工程量计算见表 2-5-26。

清单工程量计算表　　　　　　　　　　　　表 2-5-26

序号	项目编码	项目名称	项目特征描述	计量单位	工程量
1	011402001001	木窗油漆	木窗，调和漆两遍	m²	37×1.5×1.8＝99.90
2	011402001002	木窗油漆	木窗，调和漆两遍	m²	2×1.5×0.8＝2.40
3	011402001003	木窗油漆	木窗，调和漆两遍	m²	4×1.2×0.8＝3.84
4	011402001004	木窗油漆	木窗，调和漆两遍	m²	25×1.2×1.8＝54.00

【例3】如图 2-5-3 所示，一樘双层普通钢窗（洞口尺寸为 1.8m×1.5m），试求刷调和漆两遍工程量。

【解】（1）定额工程量

$$钢窗调和漆工程量＝1.8×1.5×1.48m^2＝4.00m^2$$

【注释】1.8 表示钢窗的宽度，1.5 表示钢窗的高度，1.48 表示钢窗工程量折算系数。

套用基础定额 11-574。

注：按单层普通钢窗乘以系数 1.48。

$$清单工程量计算＝1.8×1.5＝2.70$$

（2）清单工程量计算见表 2-5-27。

清单工程量计算表   表 2-5-27

项目编码	项目名称	项目特征描述	计量单位	工程量
011402002001	金属窗油漆	钢窗，调和漆两遍	m²	1.8×1.5＝2.70

【例4】如图 2-5-4 所示，10 樘木百叶窗，试求刷调和漆两遍工程量。

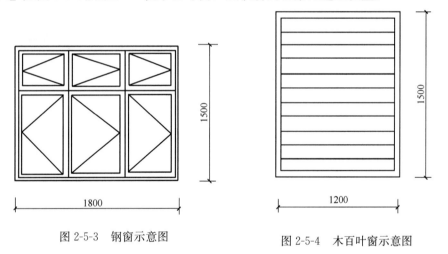

图 2-5-3 钢窗示意图   图 2-5-4 木百叶窗示意图

【解】木百叶窗工程量系数为 1.50，刷调和漆两遍工程量。

定额工程量＝1.50×1.2×1.5m²＝2.7m²

套用消耗量定额 5-001。

【注释】1.50 木百叶窗工程量折算系数。1.2 表示木百叶窗的宽度，1.5 表示木百叶窗的高度。

$$清单工程量＝1.5×1.2＝1.80$$

清单工程量计算见表 2-5-28。

清单工程量计算表   表 2-5-28

项目编码	项目名称	项目特征描述	计量单位	工程量
011402001001	木窗油漆	木百叶窗，调和漆两遍	m²	1.5×1.2＝1.80

129

【例5】 如图 2-5-5 所示的普通不带亮子的双层（一玻一纱）钢窗，试求其刷两遍调和漆的工程量。

【解】 调和漆定额工程量＝2.7×1.5×1.48m²＝5.994m²

【注释】 2.7 表示钢窗的宽度，1.5 表示钢窗的高度，1.48 表示钢窗工程量折算系数。

套用基础定额 11-574。

清单工程量＝2.7×1.5＝4.05

清单工程量计算见表 2-5-29。

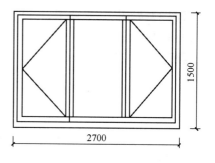

图 2-5-5 钢窗示意图

清单工程量计算表　　　　　　　　　　　表 2-5-29

项目编码	项目名称	项目特征描述	计量单位	工程量
011402002001	金属窗油漆	普通不带亮子双层（一玻一纱）钢窗，调和漆两遍	m²	2.7×1.5＝4.05

【例6】 如图 2-5-6 所示房间的窗均为双层（一玻一纱窗）木窗，试求该建筑木窗调和漆两遍的工程量。

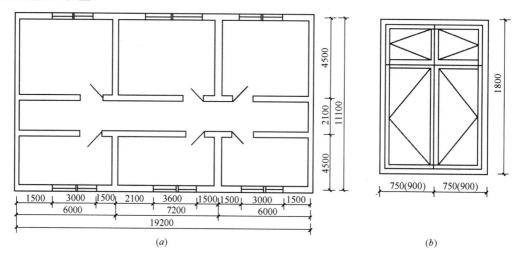

（a）

（b）

图 2-5-6 木窗示意图

（a）房间布置图；（b）门窗示意图

【解】（1）定额工程量

1.5m 窗的工程量＝1.5×1.8×1.36m²＝3.672m²

【注释】 1.5 表示木窗的宽度，1.8 表示木窗的高度。1.36 表示木窗工程量折算系数。

1.8m 窗的工程量＝1.8×1.8×1.36m²＝4.406m²

【注释】 第一个 1.8 表示木窗的宽度，第二个 1.8 表示木窗的高度。1.36 表示木窗工程量折算系数。

总的工程量＝（3.672×8+4.406×4）m²＝47m²

【注释】 3.672 表示每一个 1.5m 窗的工程量，8 表示有八个 1.5m 窗。4.406 表示每一个 1.8m 窗的工程量，4 表示有四个 1.8m 窗。

套用消耗量定额 5-001。

（2）清单工程量

木窗油漆：$8×1.5×1.8=21.60$

木窗油漆：$4×1.8×1.8=12.96$

清单工程量计算见表 2-5-30。

清单工程量计算表 表 2-5-30

序号	项目编码	项目名称	项目特征描述	计量单位	工程量
1	011402001001	木窗油漆	（一玻一纱）木窗，调和漆两遍	m²	$8×1.5×1.8=21.60$
2	011402001002	木窗油漆	（一玻一纱）木窗，调和漆两遍	m²	$4×1.8×1.8=12.96$

【例7】如图 2-5-7 所示的顺水板，喷漆腻子刷漆油，试求该顺水板的工程量。

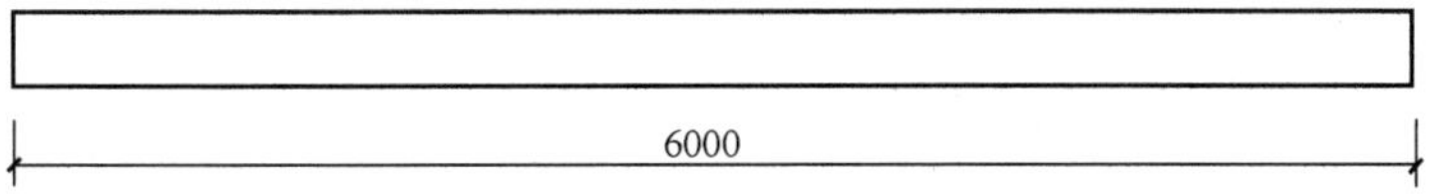

图 2-5-7　顺水板示意图

【解】（1）定额工程量

$6×1.74m=10.44m$

【注释】定额工程量计算方法按延长米来计算。6 表示顺水条的长度，1.74 表示顺水条工程量折算系数。

套用消耗量定额 5-003。

（2）清单工程量$=6.00m$

清单工程量计算见表 2-5-31。

清单工程量计算表 表 2-5-31

项目编码	项目名称	项目特征描述	计量单位	工程量
011403003001	封檐板、顺水板油漆	顺水板，喷漆腻子刷漆油	m	6.00

【例8】试求一樘单层普通钢门（洞口尺寸为 $2.5m×0.9m$）刷防锈漆一遍工程量。

【解】钢门刷防锈漆定额工程量$=2.5×0.9m²=2.25m²$

【注释】2.5 表示普通钢门的高度，0.9 表示普通钢门的宽度。

套用基础定额 11-594。

清单工程量计算同定额工程量。

清单工程量计算见表 2-5-32。

清单工程量计算表 表 2-5-32

项目编码	项目名称	项目特征描述	计量单位	工程量
011401001001	木门油漆	普通钢门，防锈漆一遍	m²	$2.5×0.9=2.25$

【例9】试求一钢折叠门刷醇酸磁漆两遍工程量（高 3m，宽 3.3m）。

【解】（1）定额工程量

$$3 \times 3.3 \times 2.3 m^2 = 22.77 m^2。$$

【注释】3 表示折叠门的高度，3.3 表示折叠门的宽度。2.3 表示计算规则中的折算系数。

套用消耗量定额 5-180。

注：按计算规则乘以系数 2.3。

（2）清单工程量

$$3 \times 3.3 = 9.90 m^2。$$

清单工程量计算见表 2-5-33。

清单工程量计算表　　　　　　　　　　　表 2-5-33

项目编码	项目名称	项目特征描述	计量单位	工程量
011401002001	金属门油漆	钢折叠门，醇酸磁漆两遍	m^2	$3 \times 3.3 = 9.90$

【例 10】假设包镀锌铁皮门为 2.1m×1m（洞口尺寸），刷磷化、锌黄底漆各一遍，试求其工程量。

【解】（1）定额工程量

镀锌铁门油漆工程量：$2.1 \times 1 \times 1.63$（系数）$m^2 = 3.42 m^2$

【注释】2.1 表示镀锌铁皮门的高度，1 表示镀锌铁皮门的宽度。1.63 表示计算规则中的折算系数。

套用基础定额 11-601。

（2）清单工程量

$$2.1 \times 1 = 2.10$$

清单工程量计算见表 2-5-34。

清单工程量计算表　　　　　　　　　　　表 2-5-34

项目编码	项目名称	项目特征描述	计量单位	工程量
011401002001	金属门油漆	镀锌铁皮门，磷化、锌黄底漆各一遍	m^2	$2.1 \times 1 = 2.10$

【例 11】某住宅工程的木门窗明细表见表 2-5-35，均刷乳白色调和漆两遍，试求其门窗油漆的工程量。

门窗明细表　　　　　　　　　　　表 2-5-35

编　号	规　格（mm×mm）	类　型	数　量
M-1	2400×2700	双层木门	4
M-2	900×2100	单层木镶板门	200
C-1	1500×1500	双层木窗	72
C-2	1200×1500	单层木窗	36
C-3	900×600	双层木窗	16

【解】（1）定额工程量

单层木门窗刷调和漆两遍工程量：

$S = (2.4×2.7×4×2.0+0.9×2.1×200×1.25+1.5×1.5×2×72+1.2×1.5×36$
$×1+0.9×0.6×16×2)$ m²

$= (51.84+472.5+324+64.8+17.28)$ m²$=930.42$m²

【注释】对应表 2-5-35 易看出：2.4×2.7×4×2.0 表示 M-1 门洞口所刷调和漆的工程量（其中 2.4 表示门洞口的宽度，2.7 表示门洞口的高度，4 表示 M-1 门洞口的数量，2.0 表示计算规则中的折算系数）。0.9×2.1×200×1.25 表示 M-2 门洞口所刷调和漆的工程量（其中 0.9 表示门洞口的宽度，2.1 表示门洞口的高度，200 表示 M-2 门洞口的数量，1.25 表示计算规则中的折算系数）。1.5×1.5×2×72 表示 C-1 窗洞口所刷调和漆的工程量（其中 1.5 即是窗洞口的宽度又是窗洞口的高度，2 表示双层木窗，72 表示 C-1 窗洞口的数量）。1.2×1.5×36×1 表示 C-2 窗洞口所刷调和漆的工程量（其中 1.2 表示窗洞口的宽度，1.5 表示窗洞口的高度，36 表示 C-2 窗洞口的数量，1 表示单层木窗）。0.9×0.6×16×2 表示 C-3 窗洞口所刷调和漆的工程量（0.9 表示窗洞口的宽度，0.6 表示窗洞口的高度，16 表示 C-3 窗洞口的数量，2 表示双层木窗）。

套用消耗量定额 5-001。

（2）清单工程量

双层木门工程量$=2.7×2.7×4=29.16$

单层木镶板门工程量$=0.9×2.1×200=378.00$

双层木窗工程量$=1.5×1.5×2×72=324.00$

单层木窗工程量$=1.2×1.5×36×1=64.80$

双层木窗工程量$=0.9×0.6×16×2=17.28$

清单工程量计算见表 2-5-36。

清单工程量计算表

表 2-5-36

序号	项目编码	项目名称	项目特征描述	计量单位	工程量
1	011401001001	木门油漆	双层木门，乳白色调和漆两遍	m²	2.7×2.7×4=29.16
2	011401001002	木门油漆	单层木镶板门，乳白色调和漆两遍	m²	0.9×2.1×200=378.00
3	011402001001	木窗油漆	双层木窗，乳白色调和漆两遍	m²	1.5×1.5×2×72=324.00
4	011402001002	木窗油漆	单层木窗，乳白色调和漆两遍	m²	1.2×1.5×36×1=64.80
5	011402001003	木窗油漆	双层木窗，乳白色调和漆两遍	m²	0.9×0.6×16×2=17.28

【例 12】某综合楼有木夹板门 47 樘，洞口尺寸为（宽×高）1000mm×2700mm，试求此门油漆工程量。

【解】门洞口面积：$1.00×2.70×47$m²$=126.90$m²

【注释】1.00 表示门洞口的宽度，2.70 表示门洞口的高度。47 表示樘数。

门油漆定额工程量：$126.90×1.00$m²$=126.90$m²

【注释】126.90 表示上面计算出的门洞口的面积，1.00 表示计算规则中的折算系数。

套用消耗量定额 5-001。

清单工程量计算$=1×2.70×47×1=126.90$

清单工程量计算见表 2-5-37。

清单工程量计算表 表 2-5-37

项目编码	项目名称	项目特征描述	计量单位	工程量
011401001001	木门油漆	木夹板门	m²	1×2.70×47×1＝126.90

【例13】涂刷油漆为 300m²，灰面漆用量 100g/m²，如涂刷一度需灰面漆多少？

【解】$300×100×\dfrac{1}{1000}kg＝30kg$

【注释】300 表示涂刷油漆的面积。100 表示灰面漆每 1 平方米的用量。1/1000 表示转化单位（g 转化为 kg）。

涂层厚度可用下列公式求出：

$$涂层厚度（\mu m）＝\dfrac{所耗漆量（kg）×固体含量（\%）}{固体含量比重×涂刷面积（m^2）}×1000$$

或将油漆固体含量（不挥发部分）所占容积的百分数与油漆涂刷面积的厚度相乘，即得涂层总厚度。

【例14】试求如图 2-5-8 所示建筑用木质地板，刷润滑粉，刮腻子，调和漆三遍的工程量。

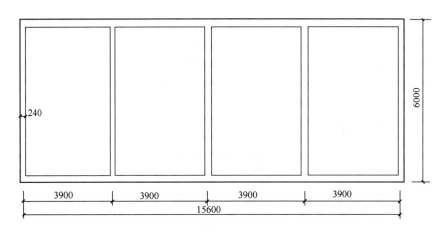

图 2-5-8 房间地板示意图

【解】（1）定额工程量

$$(3.9－0.24)×(6－0.24)×4m²＝84.33m²$$

【注释】工程量计算方法按长乘以宽来计算。0.24＝0.12×2 表示轴线两端所扣除的两个半墙的厚度。(3.9－0.24) 表示房间短边方向的净长，(6－0.24) 表示房间长边方向的净长。两部相乘得出每一个房间内木质地板的面积。乘以 4 表示四个房间木质地板的总面积。

套用消耗量定额 5-020。

（2）清单工程量

$$(3.9－0.24)×(6－0.24)×4＝84.33$$

清单工程量计算见表 2-5-38。

清单工程量计算表 表 2-5-38

项目编码	项目名称	项目特征描述	计量单位	工程量
011404001001	木护墙、木墙裙油漆	木质地板，刷润滑粉、刮腻子、调和漆三遍	m²	$(3.9-0.24)\times(6-0.24)\times4=84.33$

【例15】如图 2-5-9 所示，木质式挂镜线刷润油粉、刮腻子、调和漆两遍，试求其油漆工程量。

【解】（1）定额工程量

$(1+0.9)\times2\times0.35m=1.33m$

【注释】工程量计算方法按延长米来计算。1 表示挂镜线长边方向的长度，0.9 表示挂镜线短边方向的长度，两部分加起来乘以 2 表示挂镜线四周的总长度。0.35 表示挂镜线工程量折算系数。

套用消耗量定额 5-004。

（2）清单工程量

$(1+0.9)\times2=3.80$

清单工程量计算见表 2-5-39。

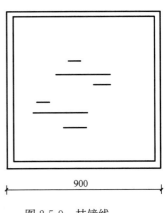

图 2-5-9　挂镜线

清单工程量计算表 表 2-5-39

项目编码	项目名称	项目特征描述	计量单位	工程量
011403005001	挂镜线、窗帘棍、单独木线油漆	木质式挂镜线，刷润油粉刮腻子、调和漆两遍	m	$(1+0.9)\times2=3.80$

【例16】试求如图 2-5-10 所示，房间内天棚压条刷润油粉、刮腻子、调和漆三遍的工程量。

【解】（1）定额工程量

天棚压条油漆工程量：$[(3.6-0.24)+(5.4-0.24)]\times2\times0.35m=5.96m$

【注释】$0.24=0.12\times2$ 表示轴线两端所扣除的两个半墙的厚度。$(3.6-0.24)$ 表示天棚短边方向的净长，$(5.4-0.24)$ 表示天棚长边方向的净长。两部分加起来乘以 2 表示天棚四周的总长度。0.35 表示天棚压条油漆工程量的折算系数。

套用消耗量定额 5-020。

（2）清单工程量

$(3.6-0.24)\times2+(5.4-0.24)\times2=17.04$

清单工程量计算见表 2-5-40。

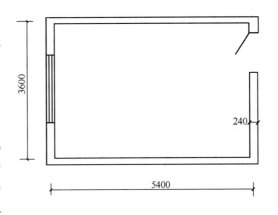

图 2-5-10　天棚压条示意图

清单工程量计算表　　　　　　表 2-5-40

项目编码	项目名称	项目特征描述	计量单位	工程量
011403005001	挂镜线、窗帘棍、单独木线油漆	房间内，天棚压条，刷润油粉、刮腻子、调和漆三遍	m	(3.6－0.24)×2＋（5.4－0.24）×2＝17.04

【例17】如图2-5-11示的木扶手栏杆，现在某工作队要给扶手刷两遍调和漆，试求其工程量。

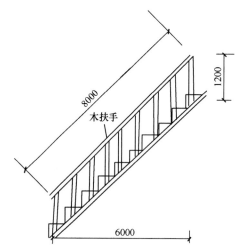

图 2-5-11　木扶手栏板示意图

【解】（1）清单工程量

工程量＝8.00m

【注释】木扶手油漆工程量按图示尺寸以长度米计算，8.00m 为木扶手的长度。

清单工程量计算见表 2-5-41。

清单工程量计算表　　　　　　表 2-5-41

项目编码	项目名称	项目特征描述	计量单位	工程量
011403001001	木扶手油漆	扶手刷两遍调和漆	m	8.00

（2）定额工程量

工程量＝8.00×2.60m＝20.80m

【注释】木扶手定额工程量计算时按延长米计算，延长米是各段尺寸的累积长度。计算时，需乘以一个折算系数 2.60。8.00m 为木扶手的长度，2.60 为折算系数，8.00×2.60m 为木扶手油漆的定额工程量。

套用基础定额 11-411。

注：套用定额计算时，工程量计算方法为按延长米计算，延长米是各段尺寸的累积长度。计算时，需乘以一个折算系数。木扶手分不带托板和带托板两种，本题是带托板的扶手栏杆，所以其折算系数为 2.60。

第六节 其他装饰工程

一、其他装饰工程造价概论

(一)其他装饰工程定额项目内容及定额换算

定额项目内容:

(1)招牌,灯箱

定额所列招牌分为平面型和箱体型;在此基础上,又可分为一般招牌、矩形招牌、复杂招牌、异形招牌。

一般招牌和矩形招牌是指正立面平整无凸面;复杂招牌和异形招牌是指正立面有凹凸造型。

灯箱制作安装分为金属结构灯箱、木结构灯箱和塑料灯箱

(2)字安装

美术字均以成品安装固定为准,美术字不分字体均执行同一定额。

字可分为泡沫塑料字、有机玻璃字、木质字、金属字。

工作内容:复纸字、字样排列、凿墙眼、斩木楔、拼装字样、成品矫正、安装、清理。

(3)压顶线,装饰条

木装饰线,石膏装饰线均以成品安装为准,石材装饰线条均以成品安装为准。石材装饰线条磨边、磨圆角均包括在成品的单价中,不再另计。

装饰线条以墙面直线安装为准,如天棚安装直线型、圆弧形或其他图案者,按以下规定计算:

天棚面安装直线装饰线条人工乘以 1.34 系数;

天棚面安装圆弧装饰线条人工乘以 1.6 系数,材料乘 1.1 系数;

墙面安装圆弧装饰线条人工乘 1.2 系数,材料乘 1.1 系数;

装饰线条做艺术图案者,人工乘以 1.8 系数,材料乘以 1.1 系数;

装饰线条做艺术图案角,人工乘以 1.8 系数,材料乘以 1.1 系数。

1)金属条。金属条又可分为金属装饰条,镜面不锈钢装饰线,如图 2-6-1 所示。

2)木装饰线条。木装饰条分半圆线、三道线内、三道线外木装饰条。

3)塑料线条。常见的线条为 PP 型塑料雕花线条。其优点是耐磨、绝缘性好。

4)石膏装饰线。以石膏为主要原料而制成的线条。石膏易于雕塑,故其浮雕装饰性强。

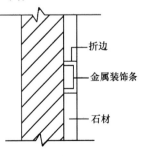

图 2-6-1 金属装饰条

(4)盖口条。盖缝口的线条就叫盖口条。

(5)暖气罩。暖气罩可分为四种。挂板式是指钩挂在暖气片上;平墙式是凹入墙内;明式是指凸出墙面;半凹半凸式按明式定额子目执行。

暖气罩的材料主要有:柚木板、塑板面、胶合板、铝合金和钢板。如图 2-6-2 所示。

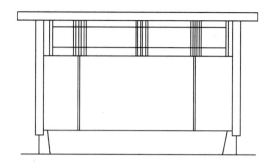

图 2-6-2　木制暖气罩

暖气罩是遮挡室内暖气片的一种装饰物。明式暖气罩是指罩凸出墙面。平墙式暖气罩指罩与墙面大致持平，不占室内空间。

（6）卫生间镜面玻璃

卫生间镜面玻璃按安装构造不同可分为车边防雾镜面玻璃、普通镜面玻璃。当车边镜面玻璃的尺寸不是很大时，可以在其四角上钻孔，在墙面上钉塑料胀管，直接用不锈钢玻璃钉固定在墙面上。

（7）防潮层及防水处理

（二）其他装饰工程清单工程量计算规则（GB 50854—2013）

1. 柜台、酒柜、收银台、试衣间、货架等：

1）以个计量，按设计图示数量计量；

2）以米计量，按设计图示尺寸以延长米计算；

3）以立方米计量，按设计图示尺寸以体积计算。

2. 金属装饰线、木质装饰线、石材装饰线等按设计图示尺寸以长度计算。

3. 金属扶手、栏杆、栏板和硬木扶手、栏杆、栏板等按设计图示以扶手中心线长度（包括弯头长度）计算。

4. 饰面板暖气罩、塑料板暖气罩、金属暖气罩按设计图示尺寸以垂直投影面积（不展开）计算。

5. 洗漱台：

1）按设计图示尺寸以台面外接矩形面积计算。不扣除孔洞、挖弯、削角所占面积，挡板、吊沿板面积并入台面面积内；

2）按设计图示数量计算。

6. 晒衣架、帘子杆、肥皂盒等按设计图示数量计算。

7. 镜面玻璃按设计图示尺寸以边框外围面积计算。

8. 雨篷吊挂饰面按设计图示尺寸以水平投影面积计算。

9. 平面、箱式招牌按设计图示尺寸以正立面边框外围面积计算。复杂形的凸凹造型部分不增加面积。

10. 泡沫塑料字、有机玻璃字等按设计图示数量计算。

二、其他装饰工程的预算编制注意事项

招牌基层是指招牌框架本身的形体部分，不包括字体、灯具、面板和油漆等内容，这些内容可按各自的相关项目定额执行。

（一）平面招牌定额的材料量计算

平面招牌的定额材料是按 $1\times0.7=0.7m^2$、$1\times1.2=1.2m^2$、$1\times1.8=1.8m^2$ 三种规格，通过调查测算制定出三种规格的取定量（见 2-7-8②④⑥栏），经平均后按下式计算即可得出定额材料用量。计算式如下：

$$定额材料量=平均取定量\times10m^2\times(1+损耗率)$$

式中平均取定量和损耗率见表 2-6-1 中⑨⑩栏。

平面招牌"一般"形定额材料的取定量   表 2-6-1

材料名称	0.7m² 内		1.2m² 内		1.8m²		每 m² 合计	每 m² 平均取定量	损耗率
	取定值	每 m² 量	取定量	每 m² 量	取定量	每 m² 量			

按表内的每 m² 平均取定量和损耗率，即可计算出各材料的定额用量，如木结构平面招牌一般形的"一等木方"和"铁钉"的定额量计算为：

一等木方定额用量=0.028×10×1.03=0.288(m³/10m²)

铁钉定额用量=0.44×10×1.02=4.488(kg/10m²)

平面招牌"复杂"形的平均取定量按"一般"形平均取定量乘以综合系数：木结构为 1.08、钢结构为 1.10。定额材料用量按定额材料量计算式计算。

（二）平面招牌定额的人工工日计算

平面招牌木结构的人工工日是按 2008 年劳动定额中"隔墙与隔断木框"项目制定的，其中考虑了木筋单面刨光系数 1.11，凌空作业降效系数 1.1。"复杂"形用工按"一般"形增加 8%。具体计算见表 2-6-2。

平面招牌木结构定额人工计算表   表 2-6-2

项目名称	计算量	单位	2008 年劳动定额编号	时间定额	一般形工日	复杂形工日
木筋制安工	1	10m²	6-15-387-（二）	2.50	2.50	2.50
木筋单面刨光工	11%		6-5-规定 5	2.50×1.11	2.775	2.775
木筋双面刨光工	11%		6-5-规定 5	2.775×1.11	3.080	3.080
铺钉玻璃钢瓦工	0.94	10m²	6-13-321	0.435		0.410
凌空降效系数	10%		一般形 3.08×1.1=3.388 复杂形 3.49×1.1=3.839		3.388	3.839
复杂形调增系数	8%		3.839×1.08			4.146
小计					3.388	4.146
木材取料超运距用工 （100m）	0.288	m³	6-19-475（六）	0.168	0.048	
	0.31	m³	6-19-475（六）	0.168		0.052
成品堆放超运距用工 （100m）	0.288	m³	6-19-475（六）	0.168	0.048	
	0.31	m³	6-19-475（六）	0.168		0.052
堆放至安装超运用工 （250m）	0.288	m³	6-19-475（十一）换	0.35	0.101	
	0.31	m³	6-19-475（十一）换	0.35		0.108
小计					0.197	0.212
合计					3.585	4.358
人工幅度差			15%		0.54	0.654
定额工日					4.125	5.012

平面招牌钢结构的人工，是参照有关地区房产局维修工程预算定额所制定的，按主钢材用量取定：54 工日/吨、人工幅度差 15%。则：

"一般"形钢结构用工=0.118t×54=6.37 工日，增加人工幅度差后为：6.37×1.15 =7.33 工日。

"复杂"形用工要增加"铺钉玻璃钢瓦"工 0.41 工日，并按一般形用工增加 10% 调增系数，则为：(6.37＋0.41)×1.1＝7.458 工日，增加人工幅度差后为：7.458×1.15＝8.58 工日。

三、其他装饰工程预算编制实例

【例 1】某雨篷如图 2-6-3 所示，顶面做水刷豆石面层，底面采用乙丙外墙乳胶漆刷涂，试求雨篷装饰的工程量。

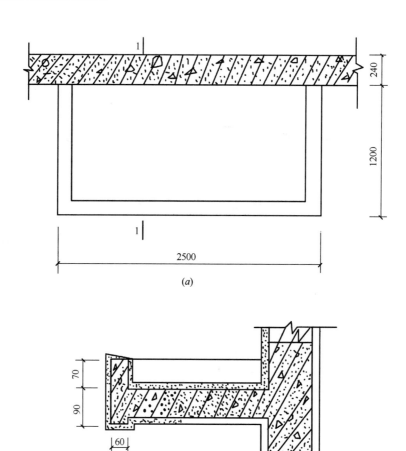

图 2-6-3　某雨篷示意图
(a) 平面图；(b) 剖面图

【解】(1) 清单工程量

顶面工程量＝1.2×2.5m² ＝3.00m²

底面工程量＝1.2×2.5m² ＝3.00m²

【注释】2.5 为雨篷的长，1.2 为雨篷的宽，1.2×2.5m² 为顶面面积，1.2×2.5m² 为底面面积，由于雨篷上下两个面面积相同，故工程量相同。

清单工程量计算见表 2-6-3。

清单工程量计算表　　　　　　　　　　　　　　　　　　　表 2-6-3

序号	项目编码	项目名称	项目特征描述	计量单位	工程量
1	011203002001	零星项目装饰抹灰	雨篷顶面做水刷豆石面层	m²	3.00
2	011203002002	零星项目装饰抹灰	雨篷底面采用乙丙外墙乳胶漆刷涂	m²	3.00

（2）定额工程量

顶面工程量＝1.2×2.5×1.2(系数)m²＝3.60m²

底面工程量＝1.2×2.5m²＝3.00m²

【注释】1.2 为雨篷的宽，2.5 为雨篷的长，1.2×2.5 为顶面面积，1.2 为定额系数，1.2×2.5 为底面面积。

套用消耗量定额 2-004。

【例 2】此广告牌（图 2-6-4）为一房地产广告，商家要求设置大的美术字，以突出宣传效果，美术字为金属字，字体如图 7-4 所示，试求美术字工程量。

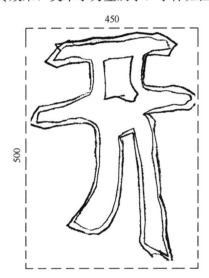 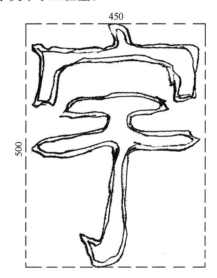

图 2-6-4　金属字

【解】（1）清单工程量

金属字按设计图示数量计算。

【注释】金属字清单工程量按设计图示数量以"个"计算，2 为金属字的个数。

该题中，金属字为"开宇"数量为 2 个，所以工程量为 2 个。

清单工程量计算见表 2-6-4。

清单工程量计算表　　　　　　　　　　　　　　　　　　　表 2-6-4

项目编码	项目名称	项目特征描述	计量单位	工程量
011508004001	金属字	大的美术字	个	2

（2）定额工程量

美术字安装按字的最大外围矩形面积以"个"计算。

"开"字工程量＝0.45×0.5m²＝0.23m²

"宇"字工程量＝0.45×0.5m²＝0.23m²

【注释】 0.45m为最大外围矩形的宽度，0.5m为最大外围矩形的长度，0.45×0.5m²为最大外围矩形的面积。

【例3】 某学校旗杆，混凝土 C10 基础为 2500mm×600mm×200mm，砖基座为3000mm×800mm×200mm，基座面层贴芝麻白 20mm 厚花岗石板，3 根不锈钢管（OCr18Ni19），每根长为13m，ϕ63.5mm，壁厚1.2mm，试求旗杆工程量。

【解】（1）清单工程量

按设计图示数量计算。

本设计中，共有 3 根不锈钢管，所以工程量为 3 根。

清单工程量计算见表 2-6-5。

清单工程量计算表　　　　　　　　　　　　　　　　表 2-6-5

项目编码	项目名称	项目特征描述	计量单位	工程量
011506002001	金属旗杆	旗杆为不锈钢管，高 13m，直径为 ϕ63.5mm，壁厚1.2mm	根	3

（2）定额工程量

不锈钢旗杆以延长米计算。

套用消耗量定额 6-205。

工程量＝13×3m＝39.00m

【例4】 如图 2-6-5 所示，设计要求做木质装饰线，试求其工程量。

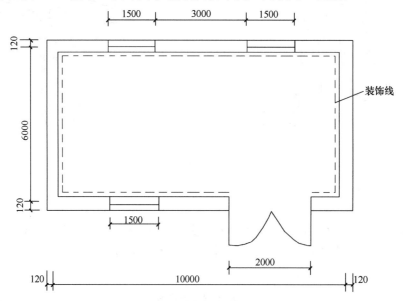

图 2-6-5　室内木装饰线示意图

【解】（1）清单工程量

木质装饰线按设计图示尺寸以长度（m）计算。

其工程量计算如下：

外墙里皮长度＝[(10−0.24)×2+(6−0.24)×2]m＝(19.52+11.52)m＝31.04m

扣除门宽：2m

扣除 3 个窗的窗帘盒长度＝1.5×3m＝4.5m

木质装饰线工程量＝(31.04－2－4.5)m＝24.54m

【注释】10－0.24 为外墙里皮的一个净长度，0.24 为墙厚，(10－0.24)×2 为外墙里皮的两个净长度，6－0.24 为外墙里皮的一个净宽度，0.24 为墙厚，(6－0.24)×2 为外墙里皮的两个净宽度，(10－0.24)×2＋(6－0.24)×2 为外墙里皮的总长度，2 为门的宽度应减去，1.5 为一个窗的窗帘盒长度，1.5×3 为 3 个窗的窗帘盒的长度应减去。

清单工程量计算见表 2-6-6。

清单工程量计算表　　　　　　　　　　　　　　　　　表 2-6-6

项目编码	项目名称	项目特征描述	计量单位	工程量
011502002001	木质装饰线	木质装饰线	m	24.54

（2）定额工程量同清单工程量。

套用消耗量定额 6-067。

【例 5】某商店外安装一灯箱，尺寸如图 2-6-6 所示，试求设计灯箱工程量。

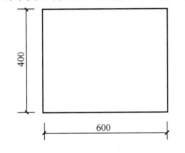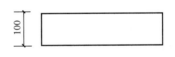

图 2-6-6　灯箱示意图

【解】（1）清单工程量

按设计图示数量计算，所以工程量为 1 个。

清单工程量计算见表 2-6-7。

清单工程量计算表　　　　　　　　　　　　　　　　　表 2-6-7

项目编码	项目名称	项目特征描述	计量单位	工程量
011507003001	灯箱	灯箱尺寸为 400mm×600mm×100mm	个	1

（2）定额工程量

灯箱的面层按展开面积以平方米（m²）计算，如图中所示，该灯箱共有 6 个面。

工程量＝(0.4×0.6×2＋0.4×0.1×2＋0.6×0.1×2)m

　　　　＝(0.48＋0.08＋0.12)m＝0.68m

【注释】0.4 为灯箱宽度，0.6 为灯箱长度，0.4×0.6 为灯箱前表面的面积，0.4×0.6×2 为灯箱前、后表面的面积。0.1 为灯箱厚度，0.4 为灯箱宽度，0.4×0.1 为一个侧表面的面积，0.4×0.1×2 为两个侧表面的面积。0.6 为灯箱长度，0.1 为灯箱厚度，0.6×0.1 为上表面灯箱的面积，0.6×0.1×2 为上、下两个面的面积。

套用消耗量定额 6-015。

【例6】某旅店装修工程中，设计要求门外设置一竖式标箱，如图 2-6-7 所示，箱体规格为：1000mm（高）×400mm（宽）×100mm（厚），铁骨架，试求此箱体安装的工程量。

【解】（1）清单工程量

竖式标箱按设计图示数量计算，因此工程量为 1 个。

清单工程量计算见表 2-6-8。

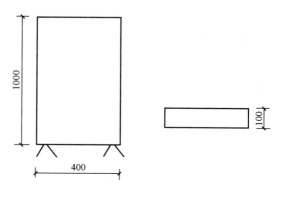

图 2-6-7　竖式灯箱示意图

清单工程量计算表　　　　　　　　　　　　　　表 2-6-8

项目编码	项目名称	项目特征描述	计量单位	工程量
011507002001	竖式标箱	规格为 1000mm×400mm×100mm 铁骨架	个	1

（2）定额工程量

竖式标箱的基层，按外围体积计算，突出箱外的灯饰，店徽及其他艺术装潢等均另行计算，此题中灯箱外并无别的艺术装潢，故此项不用计算。

$$工程量 = b \times h \times l = 1 \times 0.4 \times 0.1 \text{m}^3 = 0.04 \text{m}^3$$

【注释】1 为竖式标箱的高度，0.4 为竖式标箱的宽度，0.1 为竖式标箱的厚度，$1 \times 0.4 \times 0.1 \text{m}^3$ 为竖式标箱的体积。

套用消耗量定额 6-015。

【例7】如图 2-6-8 所示为一房屋的天棚，房屋平面图如图 2-6-9 所示，设计用铝塑装饰线为天棚压角线，试求天棚工程量。

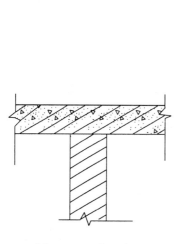

图 2-6-8　天棚示意图

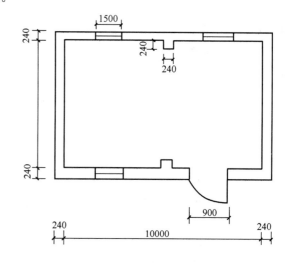

图 2-6-9　房屋平面图

【解】（1）清单工程量

铝塑装饰线按设计图示尺寸以长度（m）计算。

其工程量计算如下：

室内墙面净长度一门宽

工程量＝[(10－0.9)＋0.24×2×2＋7×2＋10]m

　　　　＝(9.1＋0.96＋14＋10)m＝34.06m

铝塑装饰线的工程量为34.06m。

【注释】10为内墙长，0.9为门宽，10－0.9为房屋的一个长度，0.24为突出墙部分的厚度，0.24×2×2为4个突出部分的厚度，7为房屋的一个净宽度，7×2为房屋的两个净宽度，10为房屋的另一个长度。

清单工程量计算见表2-6-9。

清单工程量计算表　　　　　　　　　　　　　　　　　表 2-6-9

项目编码	项目名称	项目特征描述	计量单位	工程量
011502006001	铝塑装饰线	铝塑装饰线为天棚压角线	m	34.06

（2）定额工程量同清单工程量。

压条、装饰线条均按延长米计算。

套用消耗量定额6-097。

【例8】如图2-6-10所示，要求设计一饭店招牌，字为有机玻璃字，红色，尺寸为450mm×500mm，面层为不锈钢，为螺栓固定，为增加艺术效果，要求招牌边框用金属装饰线、角形线，规格为边宽16mm，厚为1mm，长为3m，刷白色油漆一遍，分别试求招牌美术字和金属装饰线的工程量。

图 2-6-10　某饭店招牌

【解】　美术字计算：

（1）清单工程量

有机玻璃字按设计图示数量以"个"计算。

如图2-6-10所示工程量为4个。

（2）定额工程量

美术字安装字的最大外围矩形面积以（m²）计算。

工程量＝(0.45×0.5×4)m²＝0.90m²

【注释】0.45为最大外围矩形的宽度，0.5为最大外围矩形的长度，0.45×0.5为1个美术字的最大外围矩形面积，共有4个美术字故0.45×0.5×4为4个美术字的工程量。

套用消耗量定额6-027。

金属装饰线计算：

（1）清单工程量

金属装饰线按设计图示尺寸以长度计算。

$$工程量＝(10＋2)×2m＝24.00m$$

【注释】10 为金属装饰线的一个横向长，2 为金属装饰线的一个竖向长，（10＋2）×2 为金属装饰线的周长。

（2）定额工程量同清单工程量。

压条、装饰线条均按延长米计算。

套用消耗量定额 6-061。

清单工程量计算见表 2-6-10。

清单工程量计算表　　　　　　　　　　　　　　　　　表 2-6-10

项目编码	项目名称	项目特征描述	计量单位	工程量
011508002001	有机玻璃字	有机玻璃字，红色，尺寸为 450mm×500mm，面层为不锈钢，螺栓固定	个	4
011502001001	金属装饰线	金属装饰线做招牌边框，规格为边宽16mm，厚为 1mm，长 3m，刷白色油漆一遍	m	24.00

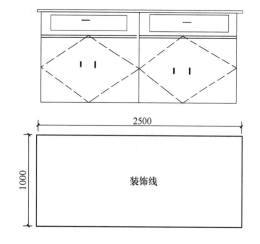

图 2-6-11　储物柜示意图

工程量为 4 个。

（2）定额工程量

【例 9】某一风味饭店，为突出古朴特色，招牌字要求为木质字，如图 2-6-11 所示，招牌基层为砖墙，采用铆钉固定，字体规格为 500mm×650mm，黑色，刷两遍漆，室内储物柜台要求用塑料装饰线为压边线，如图 2-6-12 所示，线条规格为厚为 30mm，宽为 50mm，长为 4m，漆成棕色，两遍，试求招牌美术字和塑料装饰线的工程量。

【解】美术字工程量：

（1）清单工程量

木质字按设计图示数量计算。

图 2-6-12　某餐馆招牌

美术字安装按字的最大外围矩形面积以"个"计算。

$$工程量=0.65×0.5×4m^2=1.30m^2$$

【注释】0.65 为最大外围矩形长度，0.5 为最大外围矩形宽度，0.65×0.5 为 1 个美术字的最大外围矩形面积，共有 4 个美术字，故 0.65×0.5×4m² 为 4 个美术字的工程量。

套用消耗量定额 6-038。

塑料装饰线工程量：

（1）清单工程量

塑料装饰线按设计图示尺寸以长度（m）计算。

$$工程量=(1+2.5)×2m=3.5×2m=7.00m$$

【注释】1 为塑料装饰线的一个竖向长度，2.5 为塑料装饰线的一个横向长度，（1+2.5）×2 为塑料装饰线的周长。

清单工程量计算见表 2-6-11。

清单工程量计算表   表 2-6-11

序号	项目编码	项目名称	项目特征描述	计量单位	工程量
1	011508003001	木质字	木质字，招牌基层为砖墙，采用铆钉固定，字体规格 500mm×650mm，黑色，刷两遍漆	个	4
2	011502007001	塑料装饰线	塑料装饰线为压边线，线条规格为厚 30mm，宽 50mm，长 4m，漆成棕色，两遍	m	7.00

（2）定额工程量同清单工程量。

压条、装饰线条均按延长米计算。

【例 10】某邮政营业厅如图 2-6-13 所示，其内墙装饰，设计要求墙裙上用镜面玻璃线进行装饰，其线条规格为边宽为 60mm，高为 20mm，厚 4mm，长 2m，试求装饰线工

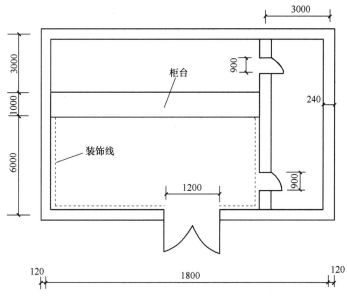

图 2-6-13　某邮政营业厅平面图

程量。

【解】（1）清单工程量

镜面玻璃线按设计图示尺寸以长度（m）计算。

其工程量计算如下：

外墙里皮长度＝[(6－0.12)＋(6－0.12－0.9)＋(18－3－0.12×2)]m

  ＝(5.88＋4.98＋14.76)m＝25.62m

扣除门宽：1.2m

装饰线工程量＝(25.62－1.2)m＝24.42m

【注释】 由图知，6－0.12 为 1 个竖向装饰线的长度，0.12 为墙厚的一半，6－0.12－0.9 为另一个竖向装饰线的长度，0.9 为门的宽度，18－3－0.12×2 为横向装饰线的长度，其中 3 由图中可知，0.12×2 为墙厚，1.2 为门的宽度。

清单工程量计算见表 2-6-12。

清单工程量计算表   表 2-6-12

项目编码	项目名称	项目特征描述	计量单位	工程量
011502005001	镜面玻璃线	镜面玻璃线为装饰线，线条规格为边宽 60mm，高 20mm，厚 4mm，长 2m	m	24.42

（2）定额工程量同清单工程量。

压条、装饰线均按延长米计算。

套用消耗量定额 6-096。

【例 11】 如图 2-6-14 所示，为某一照相馆隔墙装修时，业主要求安装五个美术字，隔墙为砖墙，美术字采用泡沫塑料字，字体规格为 400mm×450mm，采用粘贴固定。试求美术字工程量。

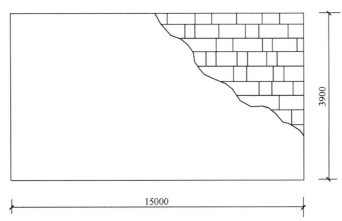

图 2-6-14　隔墙示意图

【解】（1）清单工程量

泡沫塑料字按设计图示数量计算。

该设计共采用五个美术字，所以此项工程的工程量为 5 个。

清单工程量计算见表 2-6-13。

清单工程量计算表　　　　　　　　　　　　　　　表 2-6-13

项目编码	项目名称	项目特征描述	计量单位	工程量
011508001001	泡沫塑料字	泡沫塑料字，规格 400mm×450mm，粘贴固定	个	5

（2）定额工程量

美术字安装按字的最大外围矩形面积以"m²"计算。

该题中，美术字的规格为 400mm×450mm，共为五个。

$$工程量＝0.4×0.45×5m^2＝0.90m^2$$

【注释】0.4 为美术字的宽度，0.45 为美术字的长度，0.4×0.45 为 1 个美术字的面积，共有 5 个美术字，0.4×0.45×5m² 为 5 个美术字的工程量。

套用消耗量定额 6-026。

【例 12】如图 2-6-15 所示，某银行营业厅铺贴 600mm×600mm 黄色大理石板，其中有四块拼花，尺寸如图标注，拼花外围采用石材装饰线，规格为边宽为 50mm，高为 17mm，厚为 3mm，试求装饰线工程量。

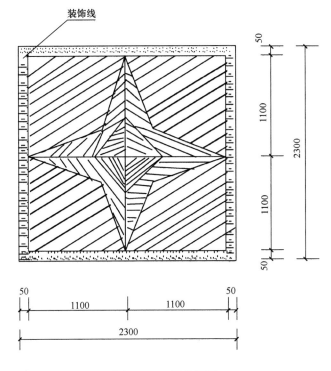

图 2-6-15　拼花详图

【解】（1）清单工程量

石材装饰线按设计图示尺寸以长度计算。

$$工程量＝2.3×4×4m＝36.80m$$

【注释】2.3、2.3 分别为横向装饰线的长度、竖向装饰线的长度，2.3×4 为 1 个拼花装饰线的周长，共有 4 个拼花，故 2.3×4×4 为 4 个拼花的装饰线长度。

清单工程量计算见表 2-6-14。

清单工程量计算表 　　　　　　　　　　　　　　　　　　　　表 2-6-14

项目编码	项目名称	项目特征描述	计量单位	工程量
011502003001	石材装饰线	石材装饰线，规格为边宽 50mm，高 17mm，厚 3mm	m	36.80

（2）定额工程量同清单工程量。

压条、装饰线条均按延长米计算。

套用消耗量定额 6-080。

【例 13】某工程有客房 20 间，按业主施工图设计，客房卫生间内有大理台洗漱台、镜面玻璃，毛巾架、肥皂盒等配件，如图 2-6-16 所示，尺寸如下：大理石台板 1800mm×600mm×20mm 侧板宽度为 400mm，开单孔，台板磨半圆边、玻璃镜 1500mm（宽）×1200mm（高），不带框、毛巾架 1 套/间，材料为不锈钢，肥皂盒为塑料的 1 个/间，试求其工程量。

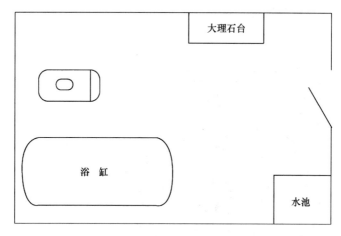

图 2-6-16　卫生间平面图

【解】大理石洗漱台工程量：

（1）清单工程量

按设计图示尺寸以台面外接矩形面积计算。不扣除孔洞、控弯、削角所占面积，挡板、吊沿板面积并入台面内。

$$工程量 = 1.8 \times 0.6 \times 20 m^2 = 21.60 m^2$$

【注释】1.8m 为台面外接矩形的长度，0.6m 为台面外接矩形的宽度，$1.8 \times 0.6 m^2$ 为 1 个台面外接矩形的面积，共有 20 间客房即有 20 个大理石洗漱台，故 $1.8 \times 0.6 \times 20 m^2$ 为 20 个大理石洗漱台工程量。

（2）定额工程量同清单工程量。

大理石洗漱台以台面投影面积计算（不扣除孔洞面积）。

套用消耗量定额 6-210。

镜面玻璃工程量：

（1）清单工程量

镜面玻璃按设计图示尺寸以边框外围面积计算。

$$工程量=1.5×1.2×20m^2=36.00m^2$$

【注释】1.5m 为镜面玻璃的宽度，1.2m 为镜面玻璃的高度，$1.5×1.2m^2$ 为一个镜面玻璃的外围面积，共有 20 个镜面玻璃，故 $1.5×1.2×20m^2$ 为 20 个镜面玻璃的外围面积。

（2）定额工程量同清单工程量。

镜面玻璃安装以正立面面积（m^2）计算。

套用消耗量定额 6-112。

毛巾杆工程量：

（1）清单工程量

毛巾杆（架）按设计图示数量计算。

工程量＝1×20 套＝20 套

（2）定额工程量

毛巾杆安装以只或副计算。

工程量＝1×20 只＝20 只

套用消耗量定额 6-208。

肥皂盒工程量：

（1）清单工程量

肥皂盒按设计图示数量计算。

工程量＝1×20 个＝20 个

（2）定额工程量

肥皂盒安装以只或副计算。

工程量＝1×20 只＝20 只

清单工程量计算见表 2-6-15。

清单工程量计算表 表 2-6-15

序号	项目编码	项目名称	项目特征描述	计量单位	工程量
1	011505001001	洗漱台	大理石洗漱台，台板尺寸 1800mm× 600mm×20mm	m^2	21.60
2	011505010001	镜面玻璃	台板磨半圆边、玻璃镜 1500mm（宽）×1200mm（高）	m^2	36.00
3	011505006001	毛巾杆（架）	不带框、毛巾架不锈钢	套	20
4	011505009001	肥皂盒	塑料肥皂盒	个	20

【例 14】如图 2-6-17 所示，该货架为某一饰品店货架，规格尺寸如图 2-6-17 所示，试求货架工程量。

【解】（1）清单工程量

货架按设计图示数量计算。

故其工程量为 1 个。

清单工程量计算见表 2-6-16。

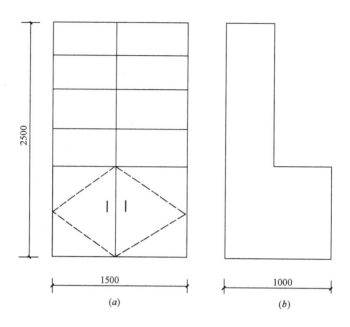

图 2-6-17 货架示意图

（a）正立面；（b）侧立面

清单工程量计算表　　　　　　　　　　　　　　表 2-6-16

项目编码	项目名称	项目特征描述	计量单位	工程量
011501018001	货架	饰品店货架	个	1

（2）定额工程量

货架、柜橱类均以正立面的高（包括脚的高度在内）乘以宽的平方米（m^2）计算

工程量＝$2.5 \times 1.5 m^2 ＝ 3.75 m^2$

【注释】2.5m 为货架的正立面高，1.5m 为货架的宽度，$2.5 \times 1.5 m^2$ 为货架的面积。

套用消耗量定额 6-120。

第七节 拆 除 工 程

一、拆除工程概况

拆除工程主要包括砖砌体柴竹，混凝土及钢筋混凝土构件拆除，木构件拆除，抹灰层拆除，块料面层拆除，龙骨及饰面拆除，屋面拆除，铲除油漆涂料裱糊面，栏杆栏板、轻质隔断隔墙拆除，门窗拆除，金属构件拆除，管道及卫生洁具拆除，灯具、玻璃拆除，其他构件拆除，开孔（打洞）。

拆除工程适用于房屋工程的维修、加固、二次装修前的拆除，不适用于房屋的整体拆除。

二、拆除工程应注意的问题

1. 拆除工程适用于房屋建筑工程，仿古建筑、构筑物、园林景观工程等项目拆除，可按照此编码列项。

市政工程、园路、园桥工程等项目的拆除，按《市政工程工程量计算规范》相应项目编码列项。

城市轨道交通工程拆除按《城市轨道交通工程工程量计算规范》相应项目编码列项。

2. 对于只拆除面层的项目，在项目特征中，不必描述基层（或龙骨）类型（或种类）；对于基层（或龙骨）和面层同时拆除的项目，在项目特征中，必须，描述（基层或龙骨）类型（或种类）。

3. 拆除项目工作内容包括"建渣场内、外运输"，在组成综合单价，应含建渣场内、外运输。

三、拆除工程清单工程量计算规则 GB 50854—2013

1. 泡沫塑料字、有机玻璃字、木质字、金属字、吸塑字等按设计图示数量计算。

2. 砖砌体拆除：

（1）以立方米计量，按拆除的体积计算；

（2）以米计量，按拆除的延长米计算。

3. 混凝土构件拆 除和钢筋混凝土构件拆除：

（1）以立方米计量，按拆除构件的混凝土体积计算；

（2）以平方米计量，按拆除部位的面积计算；

（3）以米计量，按拆除部位的延长米计算。

4. 木构件拆除：

（1）以立方米计量，按拆除构件的混凝土体积计算；

（2）以平方米计量，按拆除面积 计算；

（3）以米计量，按拆除延长米计算。

5. 平面抹灰层拆除、立面抹灰层拆除、天棚抹灰面拆除按拆除部位的面积计算。

6. 平面块料拆除、立面块料拆除、楼地面龙骨及饰面拆除等按拆除面积计算。

7. 刚性层拆除、防水层拆除等按铲除部位的面积计算。

8. 铲除油漆面、铲除涂料面、铲除裱糊面：

（1）以平方米计量，按铲除部位的面积计算；

（2）以米计量，按按铲除部位的延长米计算。

第八节　措　施　项　目

一、脚手架、垂直运输超高费工程造价概论

（一）脚手架、垂直运输超高费定额项目内容及定额运用

1. 定额项目内容

（1）脚手架

脚手架按搭设用途分为外脚手架、里脚手架、满堂脚手架、悬空脚手架、挑脚手架、防护架、依附斜道、安全网、建筑物垂直封闭架、烟囱脚手架、电梯井字架、架空运输道共九节、66 个定额项目。

（2）垂直运输超高费。是指由于建筑物地上高度超过六层或设计室外标高至檐口高度超过 20m 时所增加的费用。

$$\text{全部工程人工（机械）降效系数}=\frac{20\text{m 以上人工（机械）降效系数}\times\text{（层数}-6\text{）}}{\text{层数}}$$

檐高 20m 以内每 100m² 台班，6 层（20m）以上开始计算。

即：$\dfrac{\text{每 100m}^2\text{ 水泵台班量}\times\text{（层数}-6\text{）}}{\text{层数}}$

（3）门式钢管脚手架：由门架、交叉支撑、连接棒、挂扣式脚手板或水平架等基本构配件组成，如图 2-8-1 所示。门架间距为 1.8m，搭设中增设加固杆件（水平杆、剪刀撑）用于增加脚手架体的刚度和稳定性，脚手架搭设高度一般在 45m 以内。脚手架材料摊销率见表 2-8-1。

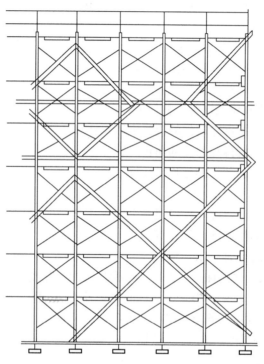

图 2-8-1　门式钢管脚手架基本形式

门式钢管脚手架材料摊销率 表 2-8-1

项目名称	门架水平架	走道板交叉支撑	扣件底座连接棒	连墙杆	钢管
门式钢管脚手架	150 个月	100 个月	100 个月	100 个月	150 个月
摊销率	3.37%	4.56%	4.56%	4.56%	3.41%

（4）扣件式钢管脚手架：将原高层钢管脚手架底芭和直芭铺设与架体搭设分离，以便定额更适应施工实际情况的需要，并将高层钢管脚手架项目名称改为按柱距 1.5m 考虑，补充柱距 1.7m 扣件式钢管脚手架。脚手架材料摊销率见表 2-8-2。

扣件式钢管脚手架（柱距 1.5m）材料摊销率（4 个日周期） 表 2-8-2

项目名称	门架水平架	走道板交叉支撑	扣件底座连接棒	连墙杆
扣件式钢管脚手架	150 个月	100 个月	120 个月	18 个月
摊销率	3.37%	4.56%	3.97%	22.89%

154

（5）竹建脚手架改变原按高层、大楼、一般里弄脚手架划分方法，现按脚手架搭设标准划分，即：高层脚手架，大楼脚手架归并，按柱距 1.5m 考虑；一般里弄脚手架按柱距 1.7m 考虑。

（6）脚手架架体与底笆、直笆、安全密目网分列子目，根据房屋修缮施工实际需要，确定底笆、直笆和安全密目网搭设范围，因而定额子目设置符合实际情况。

（7）脚手架的搭设，首先要考虑它的安全性，因为脚手架要上人操作。根据安全技术规程规定，脚手架必须满铺不留探头板。在脚手板靠外的一面，还应设置挡脚板，挡脚板用铅丝固定。

脚手架的搭设，地基应平整夯实，放线并安放底座，立杆、大横杆、小横杆、斜撑的搭设，间距均根据安全技术规程有关规定计算。

根据安全技术规程规定，钢管制外脚手架和烟囱（水塔）脚手架均设置缆风绳，缆风绳与地面的夹角为 45°，缆风桩采用木桩设两根挡木固定。

（8）建筑物超高人工、机械降效系数是指由于建筑物地上高度超过六层或设计室外标高至檐口高度超过 20m 时，操作工人的工效降低；垂直运输运距加入影响的时间；以及由于人工降效引起随工人班组配置并确定台班量的机械相应降效。

（9）建筑物垂直运输的施工方法按檐高划分。20m（6 层）以内分为卷扬机施工和塔式起重机施工，20m（6 层）以上按塔式起重机施工编制。

（10）构筑物垂直运输按用途及主体使用的材料划分项目。烟囱以 30m 为基数，水塔、筒仓以 20m 为基数按座计算，并列每增加 1m 的子目。

（11）20m 以上塔式起重机施工机械配置：塔吊及卷扬机同 20m（6 层）以内，外用电梯按每台塔吊配一部考虑，步话机按每台搭配 2 部考虑，并增加通讯联络用工 2 个工日，外用电梯及步话机和人工均为 20m（6 层）以上开始计算。

（12）塔吊以上层主体施工期为准，卷扬机以基础以上全部工期为准。

2. 脚手架定额的运用

（1）外脚手架定额的运用

1）如果装饰工程能够利用砌筑脚手架时，只能计算一次性外脚手架费用，装饰脚手架不再另行计算。不能利用砌筑脚手架者，凡内外墙的高度超过 3.6m 以上的墙面装饰，按上述 1. （1）条执行。墙高在 3.6m 以下的不另行计算装饰脚手架费用。

2）凡装饰高度超过 3.6m 以上的各种独立柱，以柱断面周长加 3.6m 乘以柱高，按双排外脚手架乘以 0.3 计算。凡能利用砌筑脚手架的柱，不再另行计算柱的装饰脚手架费用。

3）外脚手架定额均已包括了上料平台和护卫栏杆的工料，如果施工时还配有垂直运输卷扬机者，其运输机械台班应按"建筑工程垂直运输定额"和"建筑物超高增加人工、机械定额"规定执行。

（2）满堂脚手架定额的运用

1）只有当室内天棚装饰面的净高超过 3.6m 以上时，才能计算满堂脚手架。在 3.6m 及其以下时，装饰脚手架费用已包括在装饰工程项目定额内，不得再另行计算。

2）满堂脚手架按室内墙边线的长乘宽，以水平面积计算，当室内装饰工程已计算满堂脚手架后，室内墙面的装饰脚手架不再另行计算。

3) 满堂脚手架的定额项目有"基本层"和"增加层"两项，当室内净高在 3.6～5.2（包括 5.2）m 之间时，套用"基本层"定额项目；当室内净高超过 5.2m 时，超过的部分按用 1.2 来除所得的整层数（层数仍按四舍五入法）乘以"增加层"定额项目。

（3）悬挑脚手架定额的运用

1) 悬空脚手架是通过一种支承吊杆，使用吊索来悬挂吊栏进行操作的一种活动脚手架，其位置可以移动。因此，计算面积时，是按搭设范围的移动水平投影面积进行计算。也就是说，以活动范围长度乘以搭设宽度。按层或次进行计算。

2) 挑脚手架是利用窗口或留洞，从建筑物内部搭设伸杆支架，伸挑出去的一种临时固定脚手架。一般只能左右延长，不能上下活动，故应按长度和层数进行计算。

二、脚手架工程的预算编制注意事项

（一）脚手架定额的制定

脚手架定额包括脚手架材料、架设人工和机械台班等三个数量。其中脚手材料是一种周转性材料，它是按照一次提供、多次使用、分次摊销的办法列入定额，故称为定额摊销量。而人工和机械台班是搭设脚手架所需用的耗用量。

（二）脚手架定额材料摊销量的计算

1. 计算公式

脚手架材料定额摊销量的基本公式如下：

$$材料摊销量＝一次使用量×\frac{（1－残值率）×一次使用期}{耐用期}$$

$$一次使用量＝\frac{取定值的材料计算量}{取定墙面面积}×100$$

取定值：是指在制定脚手架定额时统一规定的基本尺寸或基本数据。如外脚手架计算的墙面尺寸取定为：长度 50m、宽度 15m；脚手架上料平台服务长度取定为 70m，15m 内钢管脚手架的计算高度取定为 10 步 13m 等。

耐用期：是指脚手架材料使用的寿命时间。如钢管和底座耐用期为 180 个月、扣件耐用期为 120 个月、木板耐用期为 42 个月。

一次使用期：是指脚手架材料周转一次所使用的时间。如 15m 内脚手架的一次使用期按 6 个月。

残值率和损耗率：钢管残值率按 10%、扣件残值率按 5%；铁件、铁钉损耗率为 2%，防锈漆损耗率为 3%，油漆溶剂油损耗率为 4%。

2. 材料计算量的确定

脚手架工程的材料计算量：依取定的脚手墙面面积、脚手架计算高度和选定的脚手架结构简图，分别按脚手架和上料平台两部分所需要的各种材料进行计算而得出的计算数量。

第三章 装饰装修工程量清单计价实例

第一节 某休息驿站装饰工程量清单计价实例

一、工程概况

① 本工程为某休息驿站的设计，主要为行人提供品茶、聊天、交友服务。

该建筑属框架结构，总长 22.9m，总宽 16.5m，总高 7.65m，总建筑面积 813.55m²。建筑地上 2 层，无地下室，室内设计绝对标高±0.000，室内外高差 0.45m。设计耐久年限 50 年，耐火等级为一级，地震设防裂度为七度。

② 该工程中，M-1、M-2 均采用实木装饰门，M-3 采用旋转门；C-1、C-2 采用塑钢双玻推拉窗，C-3、C-4 定做，C-3 规格为 4100mm×2000mmm，C-4 规格为 1800mm×2000mm，其价格参考市场价格而定；顶层Ⓐ～②-⑤处采用隐框玻璃幕墙，底部砌砖墙高为 200mm。

③ 基础为 C25 钢筋混凝地基梁基础，所有墙体均为 200mm 厚填充墙。

④ 地面采用地 56(98ZJ001)，找平层改为 20 厚 1:2 水泥砂浆找平；屋面做法采用屋 9(98ZJ001)，楼面采用楼 5(98ZJ001)，外墙采用外墙 8(98ZJ001)，内墙选用内墙 26(98ZJ001)，踢脚选用踢 1(98ZJ001)，散水采用散 3(98ZJ001)，吊顶选用顶 26(98ZJ001)，木扶手油漆选用涂 1(98ZJ001)。如图 3-1-1～图 3-1-7 所示。

【解】(1) 楼地面工程

采用整体面层及找平层(011101)，现浇水磨石楼地面(011101002001)。

其工作量按房间净面积以平方米计算。

故 S ＝楼、地面积－墙所占面积－层楼面缺失的楼梯洞口面积－柱子所占面积

$$= [813.55 - 73.21 - (0.1 \times 0.1 \times 4 \times 10 + 0.1 \times 0.2 \times 6 + 0.1 \times 0.1 \times 4) \times 2$$

$$- (4.5 - 0.2) \times (6.0 - 0.2)]m^2$$

$$= 714.28m^2$$

【注释】813.55——楼、屋面所占面积，见场地平整部分计算；

4.5——楼梯间开间；

6.0——楼梯间进深。

(2) 踢脚线

本工程采用踢 1(98ZJ001)，为水泥砂浆踢脚线(011105001001)，工程量按设计图示长度乘以高度以面积计算。

扣除柱子的底层外墙线长度 L_1 ＝{[16.5 - 0.4 × 3(横向柱子所占长度)] × 2 + [22.5 - 0.4 × 5(纵向柱子所占长度)] × 2 - 1.8(门宽度) × 4}m ＝ 64.40m

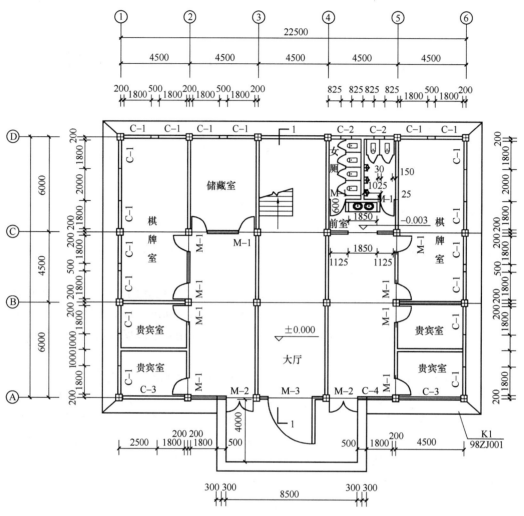

图 3-1-1 底层平面图

扣除柱子的顶外墙线长度 $L_2 = \{[16.5 - 0.4 \times 3(横向柱子所占长度)] \times 2 + [22.5 - 0.4 \times 5(纵向柱子所占长度)] + (4.5 - 0.4) \times 2 + 2 \times \pi \times 15.938 \times 50/360\}$m

$= 73.21$m

扣除柱子的内墙净长 $L_3 = (l_1 + l_2 + l_3 + l_4 + l_5 + l_6) \times 2$

$= (16.80 + 11.20 + 8.20 + 16.40 + 10.45 + 7.10) \times 2$m

$= 140.30$m(参考砌筑工程的内墙计算)

则：踢脚线的工作量为

$S = L_1 \times 0.12 + L_2 \times 0.12 + L_3 \times 0.12 \times 2 + [0.2 \times 10 + (0.4 \times 3 + 0.2) \times 3] \times 2 \times 0.12$ (柱子上的踢脚线)

$= (64.40 \times 0.12 + 73.21 \times 0.12 + 140.30 \times 0.12 \times 2 + 1.488)$m^2

$= 51.67$m^2

【注释】0.12——踢脚线高度，为 120mm。

(3) 楼梯面层(011106)

158

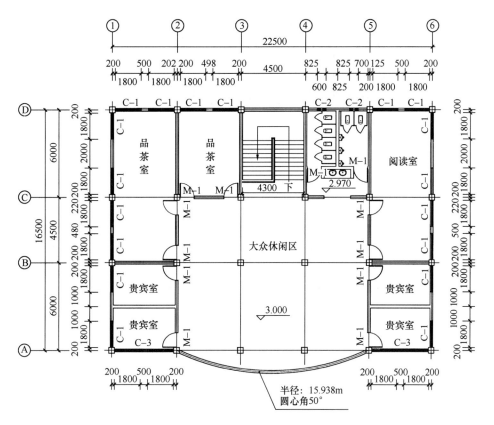

图 3-1-2 顶层平面图

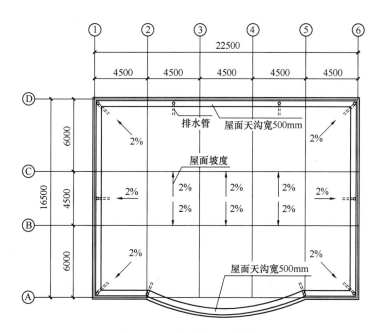

图 3-1-3 屋面排水组织设计

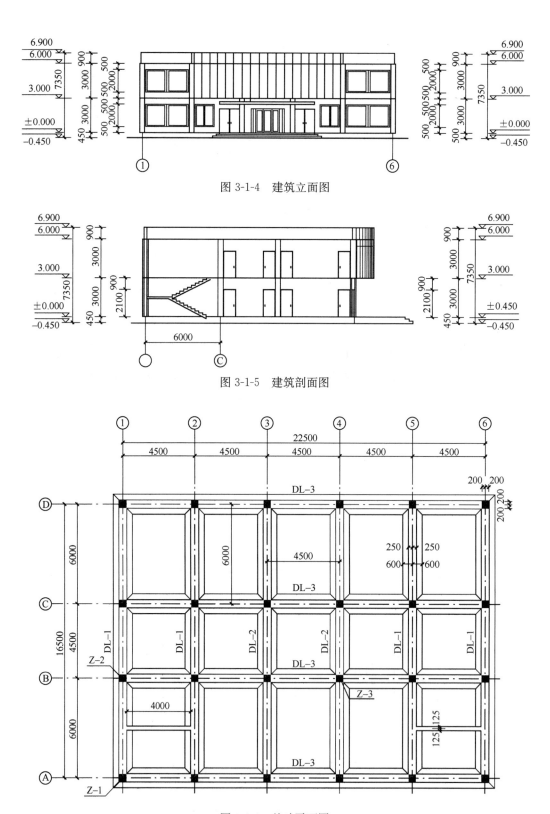

图 3-1-4　建筑立面图

图 3-1-5　建筑剖面图

图 3-1-6　基础平面图

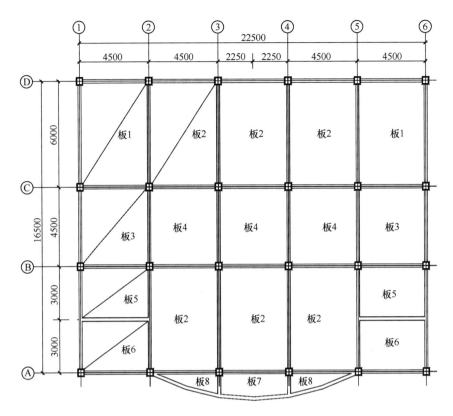

图 3-1-7　板的划分

本工程采用现浇水磨石楼梯面层(011106005001)，按设计图示尺寸以楼梯水平投影面积计算。

$$S=[(2.10+2.70)×4.30]m^2=20.64m^2$$

【注释】2.10——休息平台宽度；

　　　　2.70——梯段水平投影长度；

　　　　4.30——楼梯间净宽。

（4）扶手、栏杆、栏板装饰(011503)

本工程选用硬木扶手、栏杆、栏板(011503002001)，其工程量按设计图示尺寸以扶手中心线长度(包括弯头长度)计算。

$$L=[(2.702^2+1.502^2)^{0.5}×2+0.3+0.3]m=6.78m$$

【注释】2.70——梯段水平投影长度；

　　　　1.50——一跑楼梯高度；

　　　　0.3——弯头长度。

（5）台阶装饰(011107)

本工程采用现浇水磨石台阶面(011107005001)，其工程量按设计图示尺寸以台阶(包括最上层踏步边缘加 300mm)水平投影面积计算。

$$S=室外台阶=[(8.5+9.1+9.7)×0.3+4.00×0.3×3×2]m^2=15.39m^2$$

（6）墙面抹灰(011201)

本工程采用墙面一般抹灰(011201001001)，其工程量与外墙墙体面积一致。

故：外墙抹灰工程量 $=S_{外墙净面积}=S_{外墙}-S_{窗}-S_{门}-S_{幕}$

$$=(183.03+179-138.64-13.86-31.97)m^2=177.56m^2$$

【注释】式中各个数值参考砌筑工程中的外墙部分。

内墙抹灰(011201001002)。

内墙抹灰时，其跟踢脚线的长度是一致的，只是高度的区别。计算过程参考装饰装修工程中的踢脚线的计算。

抹灰高度：$h=(3.0-0.10-0.12)m=2.78m$(框架梁下)

【注释】0.12——踢脚线高度。

$S=L_1\times2.78+L_2\times2.78+L_3\times2.78\times2$(内部墙体粉刷两个面)

$$=\{64.40\times2.78+73.21\times2.78+140.30\times2.78\times2\}m^2$$

$$=1162.62m^2$$

(7) 柱(梁)面抹灰(011202)

本工程采用柱、梁面一般抹灰(011202001001)，工程量按设计图示柱断面周长乘以高度以面积计算。

$S=0.4$(柱子断面宽度)$\times4\times[0.5$(柱子埋深)$+0.45$(室内外高差)$+3.0$(底层层高)
$\qquad+3.0$(二层层高)$]\times24$(柱子数量)

$$=(1.6\times6.95\times24)m^2=266.88m^2$$

(8) 块料柱面(011205002001)

本工程中最外围的柱子表面镶贴金属面砖，室内大厅中间的两个柱子挂贴磨光花岗岩。

对于镶贴金属面砖的柱子 $S=\{[(0.4+0.1\times2)\times10+0.1\times4]\times(0.45+3.0+3.0)$
$\qquad+(0.4\times2+0.2\times2)\times2\times(3.0\times2)\}m^2$

$$=55.68m^2$$

对于挂贴磨光花岗岩的柱子：

$S=0.4\times4\times(3.0\times2)$(高度)$\times2$(个数)$m^2=19.2m^2$

则：总的工程量 $S=(55.68+19.20)m^2=74.88m^2$

(9) 墙面块料面层(011204)

本工程外部的墙面均采用块料墙面(011204003001)，工程量按设计图示墙净长乘以净高以面积计算，扣除出门窗洞口及单个 $0.3m^2$ 以上的孔洞所占面积。计算方法参考内外墙抹灰工程。

$$S=177.56m^2$$

内墙采用墙面装饰板(011207001001)，故其工程量 $S=1162.62m^2$(参考内墙抹灰计算)

(10) 天棚抹灰(011301)

本工程采用天棚抹灰(011301001001)，其工程量按设计图示尺寸以水平投影面积计算，参考图 3-1-1、图 3-1-2。其工程量和楼板的面积是一致的。

故：$S=771.93m^2$(见现浇混凝土有梁板部分)

(11) 天棚吊顶(011302)

本工程采用天棚吊顶(011302001001)，按设计图示尺寸以面积计算。其工程量与天棚抹灰是一样的。

故：天棚吊顶总工程量 $S=771.93\mathrm{m}^2$

(12) 木扶手油漆(011403001001)

本工程只计算木扶手油漆，其他构件均成套配置，不再另行计算。木扶手油漆计算时按图示尺寸以米计算。

故：$L=[(2.702^2+1.502^2)^{0.5}\times2+0.3+0.3]\mathrm{m}=6.78\mathrm{m}$

【注释】2.70——梯段水平投影长度；

　　　　1.50——一跑楼梯高度；

　　　　0.3——弯头长度。

(13) 洗漱台(011505001001)

本项目按照设计图示尺寸以台面外接矩形面积计算，不扣除孔洞、挖弯、削角等所占面积，挡板、吊板面积计入台面面积内。

$$S=(0.60\times1.85\times2)\mathrm{m}^2=2.22\mathrm{m}^2$$

【注释】0.60——洗漱台的宽度；

　　　　1.85——洗漱台的长度。

(14) 厕浴隔断采用预制磨石板带门隔断，其工程量按图示外围尺寸以面积计算，其门与隔断材质相同，门的面积并入隔断面积内，隔断高度为2100mm。

故 $S=\{[(0.15\times4+0.30\times4+1.0\times7)+0.600(门宽)\times6]\times2\times2.100\}\mathrm{m}^2$
　　$=52.08\mathrm{m}^2$

(15) 镜面玻璃(011505010001)

本工程厕所洗漱台上方镜子采用宽1.85m，高1.20mm的规格，共2面这样的镜子。其本项目工程量暗设计图示尺寸以边框外围面积计算。

故：$S=(1.85\times1.20\times2)\mathrm{m}^2=4.44\mathrm{m}^2$

(16) 全玻幕墙(011209002001)

本项目按照图示设计尺寸以面积金属，带勒全玻幕墙按展开面积计算。

故：$S=$ 玻璃幕墙长度×高度
　　$=[2\times\pi\times15.938(半径)\times50(圆心角)/360\times(3.0-0.20)(圆弧砖墙高度)$
　　$-0.50(圆弧梁高度)]\mathrm{m}^2$
　　$=31.99\mathrm{m}^2$

则：装饰装修工程清单工程量计算表如表3-1-1。

清单工程量计算表　　　　表3-1-1

序号	项目编码	项目名称	项目特征描述	计量单位	工程量
1	011101003001	细石混凝土楼地面	30厚C20细石混凝土随打随抹光	m²	720.32
2	011105001001	水泥砂浆踢脚线	6厚1:3水泥砂浆，6厚1:2水泥砂浆抹面压光，高度为120mm	m²	51.67
3	011106005001	现浇水磨石楼梯面层	素水泥浆结合层1遍，18厚1:3水泥砂浆找平，素水泥浆结合层，12厚1:2水泥石子磨光	m²	20.64

序号	项目编码	项目名称	项目特征描述	计量单位	工程量
4	011503002001	硬木扶手带栏杆、栏板	有机玻璃直行栏板，硬木直行扶手	m	6.78
5	011107005001	现浇水磨石台阶面	素土夯实，300 厚三七灰土，60 厚 C15 混凝土台阶，18 厚 1：3 水泥砂浆，素水泥浆结合层一遍，12 厚 1：2 水泥石子磨光	m²	15.39
6	011201001001	外墙一般抹灰	一般抹灰，20 厚 1：2.5 石灰砂浆	m²	177.56
7	011201001002	内墙一般抹灰	一般抹灰，20 厚 1：2.5 石灰砂浆	m²	1162.62
8	011204003001	块料墙面	陶瓷锦砖外墙面	m²	177.56
9	011207001001	墙面装饰板	12 厚 1200 宽纸面石膏板，40×40 木龙骨双向中距 600，干铺 350 号沥青油毡一层，墙内预埋 40×60×60 防腐木砖，水平距离 500，垂直距离 400	m²	1162.62
10	011202001001	柱面一般抹灰	一般抹灰，20 厚 1：2.5 石灰砂浆，500×500mm 柱	m²	266.88
11	011205002001	柱面镶贴块料	砂浆粘贴金属釉面砖，以及干挂磨光花岗岩	m²	74.88
12	011301001001	天棚抹灰	一般抹灰，20 厚 1：2.5 石灰砂浆	m²	771.93
13	011302001001	吊顶天棚	40×50 吊顶龙骨中距 400；钉 6×30 板条，离缝 7，端头离缝 5；3 厚 1：0.5：4 水泥石灰麻刀砂浆，7 厚 1：3 石灰砂浆；2 厚麻刀石灰	m²	771.93
14	011403001001	木扶手油漆	木基层清理、除污，刮腻子、磨光，底油一遍，调和漆两遍	m	6.78
15	011505001001	洗漱台	木基层清理、除污，刮腻子、磨光，底油一遍，调和漆两遍	m²	2.22
16	011505010001	镜面玻璃	宽 1850mm，高 1200mm，镜面玻璃镜子	m²	4.44
17	011210001001	隔断	预制磨石板厕所带门隔断，门的材料与隔断板材料相同	m²	52.08
18	011209002001	全玻幕墙	带铝合金隐框中空玻璃，铝合金立柱、横梁，不锈钢带母螺栓 M12×100	m²	31.99

（17）装饰装修工程量清单计算

1）楼地面

① 垫层：按室内房间净面积乘以厚度以立方米计算。由底层平面图可知：

故 S＝楼地面积－墙所占面积－一层楼面缺失的楼梯洞口面积－柱子所占面积

164

$$=[813.55-73.21-(0.1\times0.1\times4\times10+0.1\times0.2\times6+0.1\times0.1\times4)\times2$$
$$-(4.5-0.2)\times(6.0-0.2)]m^2$$
$$=714.28m^2$$

【注释】813.55——楼、屋面所占面积，见场地平整部分计算；

4.5——楼梯间开间；

6.0——楼梯间进深。

② 找平层、整体面层

其工作量按房间净面积以平方米计算。

故 S ＝楼地面积－墙所占面积－层楼面缺失的楼梯洞口面积－柱子所占面积
$$=[813.55-73.21-(0.1\times0.1\times4\times10+0.1\times0.2\times6+0.1\times0.1\times4)\times2$$
$$-(4.5-0.2)\times(6.0-0.2)]m^2$$
$$=714.28m^2$$

【注释】813.55——楼、屋面所占面积，见场地平整部分计算；

4.5——楼梯间开间；

6.0——楼梯间进深。

③ 踢脚线

踢脚线选择踢 1(98ZJ001)，按房间周长以米计算。

房间周长＝外墙线长度×1＋不扣除门窗的内墙长度×2＋柱子上踢脚线长度

扣除柱子的底层外墙线长度

L_1＝{[16.5－0.4×3(横向柱子所占长度)]×2＋[22.5－0.4×5(纵向柱子所占长度)]×2－1.8(门宽度)×4)}m

＝64.40m

扣除柱子的顶层外墙线长度：

L_2＝{[16.5－0.4×3(横向柱子所占长度)]×2＋[22.5－0.4×5(纵向柱子所占长度)]＋(4.5－0.4)×2＋2×π×15.938×50/360}m

＝73.21m

扣除柱子的内墙净长：

L_3＝$(l_1+l_2+l_3+l_4+l_5+l_6)\times2$

＝(16.80＋11.20＋8.20＋16.40＋10.45＋7.10)×2m

＝140.30m(参考砌筑工程的内墙计算)

则：踢脚线的工作量为

S＝$L_1+L_2+L_3\times2+[0.2\times10+(0.4\times3+0.2)\times3]\times2$(柱子上的踢脚线)

＝(64.40×0.12＋73.21×0.12＋140.30×0.12×2＋1.488)m²

＝51.67m²

④ 楼梯

本工程采用现浇水磨石楼梯面，按设计图示尺寸以楼梯水平投影面积计算。

S＝[(2.70＋2.10)×(2.10×2＋0.10)]m²＝20.64m²

【注释】2.10——休息平台宽度；

2.70——首层梯段水平投影长度；

2.10——梯段宽度；

0.10——梯井宽度。

⑤ 台阶装饰

本工程采用现浇水磨石台阶面，其工程量按设计图示尺寸以台阶（包括最上层踏步边缘加 300mm）水平投影面积计算。

$S =$ 室外台阶

$= [(8.5+9.1+9.7)×0.3+4.00×0.3×3×2]m^2$

$= 15.39m^2$

⑥ 防滑条

防滑条以米计算。

楼梯防滑条 $L=(2.10×10×2)m=42m$

台阶防滑条 $L=(8.5+9.1+9.7+4.0×2×3)m=51.30m$

⑦ 散水

本工程散水采用散 3，为水泥砂浆散水，工程量按面积以平方米计算。

$S= [0.9×(16.5+0.2+22.5+0.2)×2+0.9×0.9×4]m^2=74.16m^2$

2）天棚

除厕所和楼梯间外，其余地方均做吊顶处理，天棚龙骨、天棚面层及天棚面层装饰工程量均按房间净面积以平方米计算。其工程量和楼板的面积是一致的本工程采用顶 26（98ZJ001）。

故：天棚吊顶总工程量 $S =771.93m^2$

3）墙面

① 外墙选用外墙 8，外墙抹灰面积按外墙面的垂直投影面积以平方米计算

a. 外墙抹灰工程量

$$S_{外墙净面积}=S_{外墙}-S_{窗}-S_{门}-S_{幕}$$
$$=(183.03+179-138.64-13.56-31.97)m^2$$
$$=177.86m^2$$

【注释】式中各个数值参考砌筑工程中的外墙部分。

b. 外墙块料面层

$S=$ 抹灰总工程量 $=180.08m^2$

② 内墙装修

内墙抹灰按内墙间图示净长线乘以高度以平方米计算。

内墙抹灰时，其跟踢脚线的长度是一致的，只是高度的区别。计算过程参考装饰装修工程踢脚线的计算。

抹灰高度：$h=(3.0-0.10-0.12)m=2.78m$（框架梁下）

【注释】0.12——踢脚线高度。

$S =L_1×2.78+L_2×2.78+L_3×2.78×2$（内部墙体粉刷两个面）

$= \{64.40×2.78+73.21×2.78+140.30×2.78×2\}m^2$

$=1162.62m^2$（式中各个数值的含义参考踢脚线计算部分）

③ 本工程外部的墙面均采用块料墙面（011204003001），工程量按设计图示墙净长乘

以净高以面积计算，扣除出门窗洞口及单个 0.3m² 以上的孔洞所占面积。计算方法参考内外墙抹灰工程。

$$S=177.86m^2$$

内墙采用墙面装饰板（011207001001），故其工程量 $S=1162.62m^2$（参考内墙抹灰计算）

4) 独立柱

① 独立柱抹灰

计算时，不分柱身、柱帽、柱基座，均按结构周长乘以相应高度以平方米计算。

$$S=0.4(柱子断面宽度)\times4\times[0.5(柱子埋深)+0.45(室内外高差)+3.0(底层层高)$$
$$+3.0(二层层高)]\times24(柱子数量)$$
$$=(1.6\times6.95\times24)m^2$$
$$=266.88m^2$$

② 柱面镶贴块料

本工程中最外围的柱子表面镶贴金属面砖，室内大厅中间的两个柱子挂贴磨光花岗石。

对于镶贴金属面砖的柱子

$$S=\{[(0.4+0.1\times2)\times10+0.1\times4]\times(0.45+3.0+3.0)+(0.4\times2+0.2\times2)\times2\times$$
$$(3.0\times2)\}m^2$$
$$=55.68m^2$$

对于干挂大理石的柱子：$S=0.4\times4\times(3.0\times2)(高度)\times2(个数)m^2=19.2m^2$

5) 门窗

门窗均按门窗框的外围尺寸以平方米计算，不带框的门按门扇外围尺寸以平方米计算。

① 木门

本工程 M-1、M-2 采用实木装饰门（010801001001），M-1 宽 1000mm，高 2100mm，共 24 个；M-2 宽 1800mm，高 2100mm，共 2 个。

$$S=(1.0\times2.1\times24+1.8\times2.1\times2)m^2=57.96m^2$$

M-3 采用旋转门（010805002001），直径为 3m。工程量按套计算。共 1 套。

② 金属窗

本工程 C-1、C-2 采用金属塑钢窗（010807001001），C-1 宽 1800mm，高 1500mm，共 36 个；C-2 宽 600mm，高 300mm，共 4 个。

$$故：S=(1.8\times1.5\times36+0.6\times0.3\times4)m^2$$
$$=(97.20+0.72)m^2$$
$$=97.92m^2$$

C-3、C-4 采用定做处理。

6) 栏杆、栏板、扶手

① 扶手（包括弯头）按扶手中心线水平投影长度以米计算。

$$L=[(0.3+2.7\times2+0.3)]m=6.0m$$

② 栏板按扶手中心线水平投影长度乘以高度以平方米计算，栏杆高度从扶手地面算

至楼梯结构上表面。

$$S = L \times h = (6.0 \times 0.90)\text{m}^2 = 5.4\text{m}^2$$

【注释】0.90——栏板高度。

7）建筑配件

① 厕浴隔断采用预制磨石板带门隔断，按间计算，为 12 间。

② 洗漱台选用大理石面，工程量计算时以米记，计算时参考底层平面图。

故：$L = 1.85\text{m}$

8）油漆

本工程只计算木扶手油漆，其他构件均成套配置，不再另行计算。木扶手油漆计算时按图示尺寸以米计算。木扶手油漆选用涂 1(98ZJ001)。

$$\begin{aligned}
\text{故：} L &= [(2.702^2 + 1.502^2)^{0.5} \times 2 + 0.3 + 0.3]\text{m} \\
&= (6.18 + 0.60)\text{m} \\
&= 6.78\text{m}
\end{aligned}$$

【注释】2.70——梯段水平投影长度；

1.50——一跑楼梯高度；

0.3——弯头长度。

9）脚手架

① 外墙脚手架

外墙脚手架按外墙垂直投影面积以平方米计算。

$$\begin{aligned}
\text{工程量} &= \{(0.45 + 0.90 + 3.0 \times 2) \times [(10.5 + 0.2) \times 2 + (22.5 + 0.2) + (4.5 + 0.1) \\
&\quad \times 2 + 2 \times \pi \times 15.938 \times 50/360]\}\text{m}^2 \\
&= 493.98\text{m}^2
\end{aligned}$$

② 内脚手架

内墙脚手架工程量，按内墙垂直投影面积计算。

工程量 = 不扣除门窗的内墙面积 = 356.43m²（参考砌筑工程的内墙计算部分）

③ 满堂脚手架

满堂脚手架按搭设的水平投影面积以平方米计算，其工程量同天棚工程量。

$$S = 771.93\text{m}^2$$

10）垂直运输费据装饰工程定额中人工工日之和计算。

根据后面的施工图预算表以及《北京市建设工程预算定额第二册 装饰工程》可知：

$$\begin{aligned}
\text{工程量} &= [1.103 \times 794.51 + 0.078 \times 56.18 + 0.05 \times 21.53 + 0.123 \times 105.75 + 1.817 \\
&\quad \times 37.50 + 0.055 \times 2.31 + 0.055 \times 2.82 + 1.523 \times 23.44 + 0.138 \times 59.32 + 0.068 \\
&\quad \times 29.23 + 0.177 \times 136.63 + 0.169 \times 30.43 + 0.67 \times 120.65 + 0.117 \times 136.03 \\
&\quad + 0.099 \times 115.10 + 0.36 \times 96.08 + 0.64 \times 14.71 + 0.948 \times 18.20 + 0.36 \times 20.87 \\
&\quad + 0.278 \times 27.22 + 33 \times 249.18 + 0.991 \times 5.35 + 0.181 \times 1.09 + 1.204 \times 2.23 \\
&\quad + 1.636 \times 19.63 + 0.106 \times 0.45 + 5 \times 33.90 + 0.766 \times 24.50 + 8.27 \times 48.13 \\
&\quad + 1.042 \times 3.71 + 8.1 \times 62.53]\text{工日} \\
&= 2299.53 \text{工日}
\end{aligned}$$

由以上计算，查《北京市建设工程预算定额》，得表 3-1-2、表 3-1-3。

序号	定额编号	分项工程名称	计量单位	工程量	基价（元）	人工费	材料费	机械费	合价（元）
						其中（元）			
1	1-7	混凝土	m³	714.28	199.18	32.38	161.68	15.93	142270.29
2	1-20	1：2 水泥砂浆找平	m²	714.28	8.64	2.49	5.74	0.41	6171.38
3	1-164	水泥踢脚线	m	430.58	6.33	1.60	4.52	0.21	2725.6
4	1-31	现场拌制细石混凝土	m²	859.78	10.57	3.90	6.02	0.65	9087.9
5	1-148	现制水磨石楼梯	m²	20.64	78.47	56.76	17.33	4.38	1619.6
6	1-161	楼梯防滑条	m	42	10.16	1.79	8.00	0.37	426.72
7	1-161	台阶防滑条	m	51.30	10.16	1.79	8.00	0.37	521.21
8	1-193	现制水磨石台阶	m²	15.39	67.03	47.59	17.19	2.25	1031.6
9	2-1	木龙骨板条天棚	m²	429.89	25.74	20.21	0.79	1.81	11065
10	2-57	板条	m²	429.89	6.6	2.28	4.12	0.2	2837.3
11	2-101	吊顶天棚抹灰	m²	771.93	6.82	5.52	1.05	0.25	5264.6
12	3-4	外墙一般抹灰	m²	177.86	10.80	5.32	4.98	0.50	1920.89
13	3-52	陶瓷锦砖外墙面	m²	180.08	49.66	23.51	24.48	1.67	8942.77
14	3-77	内墙简易抹灰	m²	1162.62	6.02	3.66	2.03	0.33	6999
15	3-171	内墙装饰板墙面	m²	1162.62	49.9	3.66	2.03	0.33	58015
16	5-4	独立柱粉刷石膏	m²	266.88	334.14	35.9	279.49	18.71	89175
17	5-15	独立柱贴金属面砖	m²	55.68	76.17	22.74	50.97	2.46	4241.15
18	5-58	独立柱干挂大理石	m²	19.20	334.1	35.9	279.49	18.71	6414.7
19	7-4	有机玻璃栏板	m²	5.4	243.57	33.27	202.65	7.65	1315.3
20	7-53	硬木扶手	m	6	141.05	7.04	129.83	4.18	846.3
21	10-63	大理石洗漱台	m	1.85	236.66	55.27	174.07	7.32	437.82
22	10-11	预制磨石板厕所隔断	间	12	247.64	52.81	187.70	7.13	2971.7
23	10-79	镜子	m²	4.26	99.22	4.24	92.09	2.89	422.68
24	5-45（河南）	木扶手油调和漆	100m	6.78	462.26	215.00	87.26	0	3134.1
25	3-76	全玻幕墙	m²	31.99	1082.77	36.98	1010.4	35.38	34638

分部分项工程和单价措施项目清单与计价表　　　　　　表 3-1-3

编号	项目编码	项目名称	项目特征描述	计量单位	工程量	综合单价	合价	其中：暂估价
						金额（元）		
1	011101003001	细石混凝土楼地面	30 厚 C20 细石混凝土随打随抹光	m²	720.32	310.11	223378.44	

编号	项目编码	项目名称	项目特征描述	计量单位	工程量	金额(元)		
						综合单价	合价	其中：暂估价
2	011105001001	水泥砂浆踢脚线	6厚1：3水泥砂浆，6厚1：2水泥砂浆抹面压光，高度为120mm	m²	51.67	74.90	3870.08	
3	011106005001	现浇水磨石楼梯面层	素水泥浆结合层1遍，18厚1：3水泥砂浆找平，素水泥浆结合层，12厚1：2水泥石子磨光	m²	20.64	140.79	2905.91	
4	011503002001	硬木扶手带栏杆、栏板	有机玻璃直行栏板，硬木直行扶手	m	6.78	511.57	3468.44	
5	011107005001	现浇水磨石台阶面	素土夯实，300厚三七灰土，60厚C15混凝土台阶，18厚1：3水泥砂浆，素水泥浆结合层一遍，12厚1：2水泥石子磨光	m²	15.39	143.27	2204.93	
6	011201001001	外墙一般抹灰	一般抹灰，20厚1：2.5石灰砂浆	m²	177.56	15.34	2723.77	
7	011201001002	内墙一般抹灰	一般抹灰，20厚1：2.5石灰砂浆	m²	1162.62	8.55	9940.40	
8	011204003001	块料墙面	陶瓷锦砖外墙面	m²	177.56	70.52	12521.53	
9	011207001001	墙面装饰板	12厚1200宽纸面石膏板，40×40木龙骨双向中距600，干铺350号沥青油毡一层，墙内预埋40×60×60防腐木砖，水平距离500，垂直距离400m²	m²	1162.62	98.25	114227.42	
10	011202001001	柱面一般抹灰	一般抹灰，20厚1：2.5石灰砂浆，500×500mm柱	m²	266.88	23.52	6277.02	
11	011205001001	柱面镶贴块料	砂浆粘贴金属釉面砖，以及干挂磨光花岗岩	m²	74.88	274.88	20583.01	
12	011301001001	天棚抹灰	一般抹灰，20厚1：2.5石灰砂浆 m²	m²	771.93	9.68	7472.28	
13	011302001001	吊顶天棚	40×50吊顶龙骨中距400；钉6×30板条、离缝7、端头离缝5；3厚1：0.5：4水泥石灰麻刀砂浆，7厚1：3石灰砂浆，2厚麻刀石灰	m²	771.93	60.81	46941.06	

编号	项目编码	项目名称	项目特征描述	计量单位	工程量	综合单价	合价	其中：暂估价
14	011403001001	木扶手油漆	木基层清理、除污，刮腻子、磨光，底油一遍，调和漆两遍	m	6.78	3.80	25.76	
15	011505001001	洗漱台	木基层清理、除污，刮腻子、磨光，底油一遍，调和漆两遍	m²	2.22	280.05	621.71	
16	011505010001	镜面玻璃	宽1850mm，高1200mm，镜面玻璃镜子	m²	4.44	140.89	625.55	
17	011210001001	隔断	预制磨石板厕所带门隔断，门的材料与隔断板材料相同	m²	52.08	81.03	81.03	
18	011209002001	全玻幕墙	带铝合金隐框中空玻璃，铝合金立柱、横梁，不锈钢带母螺栓M12×100	m²	31.99	1537.53	49185.58	

二、工程量清单综合单价分析（表3-1-4～表3-1-22）

工程量清单综合单价分析表　　　　　　　　　　　表3-1-4

工程名称：休息驿站　　　　　　　　标段：　　　　　　　　第1页 共19页

项目编码	011209002001	项目名称	全玻幕墙	计量单位	m²	工程量	31.99

清单综合单价组成明细

定额编号	定额名称	定额单位	数量	单价				合价			
				人工费	材料费	机械费	管理费和利润	人工费	材料费	机械费	管理费和利润
3-76	全玻幕墙	m²	1.000	36.98	1010.41	35.38	454.76	36.98	1010.41	35.38	454.76
人工单价		小　计						36.98	1010.41	35.38	454.76
30.810元/工日		未计价材料费						—			
清单项目综合单价								558.05			

	主要材料名称、规格、型号	单位	数量	单价（元）	合价（元）	暂估单价（元）	暂估合价（元）
材料费明细	带铝合金中空玻璃	m²	1.028	896.000	921.088		
	铝合金立柱（隐柱）	m	1.078	3.600	3.881		
	铝合金横梁（隐框）	m	0.832	3.100	2.579		
	不锈钢带母螺栓M12×100	套	1.290	2.000	2.580		
	玻璃胶（密封胶）	支	0.917	6.800	6.236		
	铁件	kg	3.282	3.100	10.174		
	不锈钢定距套	套	1.290	1.500	1.935		
	岩棉板	m³	0.049	265.000	12.985		
	膨胀螺栓M8×80	套	6.449	1.100	7.094		
	泡沫塑料条	m	2.387	0.400	0.955		
	其他材料费			—	40.90	—	
	材料费小计			—	1010.41	—	

工程名称：休息驿站　　　　　　　　　标段：　　　　　　　　　　　第 2 页　共 19 页

| 项目编码 | 011101003001 | 项目名称 | 细石混凝土楼地面 | 计量单位 | m² | 工程量 | 720.32 |

清单综合单价组成明细

定额编号	定额名称	定额单位	数量	单价				合价			
				人工费	材料费	机械费	管理费和利润	人工费	材料费	机械费	管理费和利润
1-7	混凝土	m³	1.000	32.27	151.30	15.61	83.66	32.27	151.30	15.61	83.66
1-20	1：2 水泥砂浆	m³	1.000	2.49	5.74	0.41	3.63	2.49	5.74	0.41	3.63
1-31	现场拌制细石混凝土	m²	1.000	3.90	6.02	0.65	4.44	3.90	6.02	0.65	4.44
人工单价			小　计					38.66	163.06	16.67	91.72
30.81 元/工日			未计价材料费					—			
清单项目综合单价								310.11			

	主要材料名称、规格、型号	单位	数量	单价（元）	合价（元）	暂估单价（元）	暂估合价（元）
材料费明细	C10 普通混凝土	m³	1.010	148.810	150.298		
	水泥	kg	12.468	0.366	4.563		
	砂子	kg	29.128	0.036	1.049		
	建筑胶	kg	0.052	1.700	0.088		
	C15 豆石混凝土	m³	0.030	174.560	5.237		
	其他材料费			—	40.90	—	
	材料费小计			—	1010.41	—	

工程名称：休息驿站　　　　　　　　　标段：　　　　　　　　　　　第 3 页　共 19 页

| 项目编码 | 011105001001 | 项目名称 | 水泥砂浆踢脚线 | 计量单位 | m² | 工程量 | 51.67 |

清单综合单价组成明细

定额编号	定额名称	定额单位	数量	单价				合价			
				人工费	材料费	机械费	管理费和利润	人工费	材料费	机械费	管理费和利润
1-164	水泥踢脚线	m	8.33	1.60	4.52	0.21	2.66	13.33	37.67	1.75	22.15
人工单价			小　计					13.33	37.67	1.75	22.15
30.81 元/工日			未计价材料费					—			
清单项目综合单价								74.90			

172

	主要材料名称、规格、型号	单位	数量	单价(元)	合价(元)	暂估单价(元)	暂估合价(元)
材料费明细	水泥	kg	76.961	0.366	28.17		
	砂子	kg	236.380	0.036	8.51		
	建筑胶	kg	0.433	1.700	0.74		
	其他材料费			—	0.25	—	
	材料费小计			—	37.66	—	

工程量清单综合单价分析表

表 3-1-7

工程名称：休息驿站　　　　　　标段：　　　　　　第 4 页　共 19 页

项目编码	011106005001	项目名称	现浇水磨石楼梯面层	计量单位	m²	工程量	20.64

清单综合单价组成明细

定额编号	定额名称	定额单位	数量	单价 人工费	单价 材料费	单价 机械费	单价 管理费和利润	合价 人工费	合价 材料费	合价 机械费	合价 管理费和利润
1-148	现制水磨石楼梯	m³	1.000	56.76	17.33	4.38	32.96	56.76	17.33	4.38	32.96
1-161	楼梯防滑条	m³	2.035	1.79	8.00	0.37	4.27	3.64	16.28	0.75	8.68
人工单价		小　计						60.40	33.61	5.13	41.64
30.81 元/工日		未计价材料费						—			
清单项目综合单价								140.79			

	主要材料名称、规格、型号	单位	数量	单价(元)	合价(元)	暂估单价(元)	暂估合价(元)
材料费明细	金刚石	块	0.190	6.530	1.241		
	水泥	kg	27.069	0.366	9.907		
	砂子	kg	17.523	0.036	0.631		
	建筑胶	kg	0.071	1.700	0.121		
	石渣	kg	36.567	0.120	4.388		
	铜条	m	2.157	7.500	16.178		
	其他材料费			—	1.14	—	
	材料费小计			—	33.61	—	

工程量清单综合单价分析表

表 3-1-8

工程名称：休息驿站　　　　　　　　　　标段：　　　　　　　　　　

项目编码	011503002001	项目名称	硬木扶手带栏杆、栏板	计量单位	m²	工程量	6.78

清单综合单价组成明细

定额编号	定额名称	定额单位	数量	单价				合价			
				人工费	材料费	机械费	管理费和利润	人工费	材料费	机械费	管理费和利润
7-4	有机玻璃栏板	m²	0.900	33.27	202.65	7.65	102.30	29.94	182.39	6.89	92.07
7-53	硬木扶手	m	1.000	7.04	129.83	4.18	59.24	7.04	129.83	4.18	59.24
人工单价		小　计						36.98	312.22	11.07	151.31
31.12 元/工日		未计价材料费						—			
清单项目综合单价								511.57			

	主要材料名称、规格、型号	单位	数量	单价（元）	合价（元）	暂估单价（元）	暂估合价（元）
材料费明细	有机玻璃	m²	0.595	180.000	107.082		
	铝合金方管 50×50	m	0.990	9.000	8.910		
	铝合金方管 30×45	m	1.755	8.000	14.040		
	铝合金压条 1530×14	m	5.904	3.270	19.306		
	方钢 16 以内	kg	0.702	2.370	1.664		
	预埋铁件	kg	5.389	2.980	16.059		
	硬木扶手(直行)150×60	m	1.210	88.000	106.480		
	硬木弯头	个	0.760	24.600	18.696		
	其他材料费			—	19.98	—	
	材料费小计			—	312.22	—	

工程量清单综合单价分析表

表 3-1-9

工程名称：休息驿站　　　　　　　　　　标段：　　　　　　　　　　

项目编码	011106005001	项目名称	现浇水磨石楼梯面层	计量单位	m²	工程量	20.64

清单综合单价组成明细

定额编号	定额名称	定额单位	数量	单价				合价			
				人工费	材料费	机械费	管理费和利润	人工费	材料费	机械费	管理费和利润
1-148	现制水磨石楼梯	m³	1.000	56.76	17.33	4.38	32.96	56.76	17.33	4.38	32.96
1-161	楼梯防滑条	m³	2.035	1.79	8.00	0.37	4.27	3.64	16.28	0.75	8.68
人工单价		小　计						60.40	33.61	5.13	41.64
30.81 元/工日		未计价材料费						—			
清单项目综合单价								140.79			

主要材料名称、规格、型号	单位	数量	单价(元)	合价(元)	暂估单价(元)	暂估合价(元)
金刚石	块	0.190	6.530	1.241		
水泥	kg	27.069	0.366	9.907		
砂子	kg	17.523	0.036	0.631		
建筑胶	kg	0.071	1.700	0.121		
石渣	kg	36.567	0.120	4.388		
铜条	m	2.157	7.500	16.178		
其他材料费			—	1.14	—	
材料费小计			—	33.61	—	

材料费明细

工程量清单综合单价分析表

表 3-1-10

工程名称：休息驿站　　　　　标段：　　　　　第 7 页　共 19 页

项目编码	011107005001	项目名称	现浇水磨石台阶面	计量单位	m²	工程量	6.78

清单综合单价组成明细

定额编号	定额名称	定额单位	数量	单价 人工费	单价 材料费	单价 机械费	单价 管理费和利润	合价 人工费	合价 材料费	合价 机械费	合价 管理费和利润
1-161	台阶防滑条	m	3.33	1.79	8.00	0.37	4.27	5.97	26.67	1.23	14.22
1-193	现制水磨石台阶	m²	1.00	47.59	17.19	2.25	28.15	47.59	17.19	2.25	28.15
人工单价		小　计						53.56	43.86	3.48	42.38
30.81 元/工日		未计价材料费						—			
清单项目综合单价								511.57			

主要材料名称、规格、型号	单位	数量	单价(元)	合价(元)	暂估单价(元)	暂估合价(元)
铜条 4×6mm	m	3.530	7.500	26.474		
水泥	kg	27.222	0.366	9.963		
砂子	kg	47.631	0.036	1.715		
石渣	kg	27.540	0.120	3.305		
金刚石	块	0.180	6.530	1.175		
其他材料费			—	1.20	—	
材料费小计			—	43.83	—	

材料费明细

工程量清单综合单价分析表

表 3-1-11

工程名称：休息驿站　　　　　　　　标段：　　　　　　　　

项目编码	011201001001	项目名称			外墙一般抹灰			计量单位	m²	工程量	177.56

清单综合单价组成明细

定额编号	定额名称	定额单位	数量	单　价				合　价			
				人工费	材料费	机械费	管理费和利润	人工费	材料费	机械费	管理费和利润
3-4	水泥砂浆砌块墙	m²	1.000	5.32	4.98	0.50	4.54	5.32	4.98	0.50	4.54
人工单价			小　计					5.32	4.98	0.50	4.54
30.81 元/工日			未计价材料费					—			
清单项目综合单价								15.34			

	主要材料名称、规格、型号	单位	数量	单价（元）	合价（元）	暂估单价（元）	暂估合价（元）
材料费明细	乳液型建筑胶黏剂	kg	0.057	1.600	0.091		
	水泥	kg	10.120	0.366	3.704		
	砂子	kg	31.654	0.036	1.140		
	其他材料费			—	0.05	—	
	材料费小计			—	4.98	—	

工程量清单综合单价分析表

表 3-1-12

工程名称：休息驿站　　　　　　　　标段：　　　　　　　　

项目编码	011204003001	项目名称			块料墙面			计量单位	m²	工程量	177.56

清单综合单价组成明细

定额编号	定额名称	定额单位	数量	单　价				合　价			
				人工费	材料费	机械费	管理费和利润	人工费	材料费	机械费	管理费和利润
3-52	陶瓷锦砖外墙面	m²	1.000	23.51	24.48	1.67	20.86	23.51	24.48	1.67	20.86
人工单价			小　计					23.51	24.48	1.67	20.86
34.35 元/工日			未计价材料费					—			
清单项目综合单价								70.52			

	主要材料名称、规格、型号	单位	数量	单价（元）	合价（元）	暂估单价（元）	暂估合价（元）
材料费明细	陶瓷锦砖	m²	1.020	18.470	18.839		
	水泥	kg	6.419	0.366	2.349		
	砂子	kg	20.603	0.036	0.742		
	白灰	kg	1.201	0.097	0.116		
	白水泥	kg	0.250	0.550	0.138		
	乳液型建筑胶黏剂	kg	0.042	1.600	0.067		
	其他材料费			—	2.23	—	
	材料费小计			—	24.48	—	

工程名称：休息驿站　　　　　　标段：　　　　　　　

| 项目编码 | 011201001002 | 项目名称 | 内墙一般抹灰 | 计量单位 | m² | 工程量 | 1162.62 |

清单综合单价组成明细

定额编号	定额名称	定额单位	数量	单价				合价			
				人工费	材料费	机械费	管理费和利润	人工费	材料费	机械费	管理费和利润
3-77	内墙简易抹灰	m²	1.000	3.66	2.03	0.33	2.53	3.66	2.03	0.33	2.53
人工单价		小　计						3.66	2.03	0.33	2.53
30.81元/工日		未计价材料费						—			
清单项目综合单价								8.55			

	主要材料名称、规格、型号	单位	数量	单价（元）	合价（元）	暂估单价（元）	暂估合价（元）
材料费明细	乳液型建筑胶黏剂	kg	0.042	1.600	0.067		
	水泥	kg	1.627	0.366	0.595		
	砂子	kg	25.367	0.036	0.913		
	白灰	kg	4.360	0.097	0.423		
	其他材料费			—	0.03	—	
	材料费小计			—	2.03	—	

工程名称：休息驿站　　　　　　标段：　　　　　　　

| 项目编码 | 011202001001 | 项目名称 | 柱面一般抹灰 | 计量单位 | m² | 工程量 | 266.88 |

清单综合单价组成明细

定额编号	定额名称	定额单位	数量	单价				合价			
				人工费	材料费	机械费	管理费和利润	人工费	材料费	机械费	管理费和利润
5-4	独立柱粉刷石膏	m²	1.000	5.04	10.90	0.62	6.96	5.04	10.90	0.62	6.96
人工单价		小　计						5.04	10.90	0.62	6.96
30.81元/工日		未计价材料费						—			
清单项目综合单价								23.52			

	主要材料名称、规格、型号	单位	数量	单价（元）	合价（元）	暂估单价（元）	暂估合价（元）
材料费明细	乳液型建筑胶黏剂	kg	0.065	1.600	0.104		
	水泥	kg	1.627	0.366	0.595		
	砂子	kg	22.243	0.036	0.801		
	粉刷石膏	kg	13.318	0.700	9.323		
	其他材料费			—	0.08	—	
	材料费小计			—	10.90	—	

工程名称：休息驿站　　　　　标段：　　　　　

项目编码	011301001001	项目名称		天棚抹灰		计量单位	m²	工程量	771.93

清单综合单价组成明细

定额编号	定额名称	定额单位	数量	单价				合价			
				人工费	材料费	机械费	管理费和利润	人工费	材料费	机械费	管理费和利润
2-101	吊顶天棚抹灰	m²	1.000	5.52	1.05	0.25	2.86	5.52	1.05	0.25	2.86
人工单价			小　计					5.52	1.05	0.25	2.86
30.81元/工日			未计价材料费					—			
清单项目综合单价								9.68			

材料费明细	主要材料名称、规格、型号	单位	数量	单价（元）	合价（元）	暂估单价（元）	暂估合价（元）
	砂子	kg	10.657	0.036	0.384		
	白灰	kg	5.547	0.097	0.538		
	麻刀	kg	0.043	1.150	0.049		
	纸筋	kg	0.075	0.590	0.044		
	其他材料费			—	0.03	—	
	材料费小计			—	1.05	—	

工程名称：休息驿站　　　　　标段：　　　　　

项目编码	011302001001	项目名称		吊顶天棚		计量单位	m²	工程量	771.93

清单综合单价组成明细

定额编号	定额名称	定额单位	数量	单价				合价			
				人工费	材料费	机械费	管理费和利润	人工费	材料费	机械费	管理费和利润
2-1	木龙骨板条天棚	m²	1.000	4.74	20.20	0.79	10.81	4.74	20.20	0.79	10.81
2-57	板条	m²	1.000	2.28	4.12	0.20	2.77	2.28	4.12	0.20	2.77
人工单价			小　计					7.02	24.32	0.99	28.48
32.450元/工日			未计价材料费					—			
清单项目综合单价								60.81			

材料费明细	主要材料名称、规格、型号	单位	数量	单价（元）	合价（元）	暂估单价（元）	暂估合价（元）
	板方材	m³	0.013	1198.000	15.574		
	防火涂料	kg	0.238	13.500	3.213		
	板条 1000×30×8	百根	0.274	14.200	3.891		
	其他材料费			—	1.65	—	
	材料费小计			—	24.33	—	

工程量清单综合单价分析表

表 3-1-17

工程名称：休息驿站　　　　　　　　标段：　　　　　　　　第 14 页　共 19 页

| 项目编码 | 011403001001 | 项目名称 | | 木扶手油漆 | | 计量单位 | | m | 工程量 | | 6.78 |

清单综合单价组成明细

定额编号	定额名称	定额单位	数量	单价				合价			
				人工费	材料费	机械费	管理费和利润	人工费	材料费	机械费	管理费和利润
5-45（河南）	木扶手油调和漆	100m	0.010	215.00	5.11	0	160.00	2.15	0.05	0.00	1.60
人工单价		小　计						2.15	0.05	0.00	1.60
30.810 元/工日		未计价材料费						—			
清单项目综合单价								3.80			

	主要材料名称、规格、型号	单位	数量	单价（元）	合价（元）	暂估单价（元）	暂估合价（元）
材料费明细	无光调和漆	kg	0.024	15.000	0.360		
	调和漆	kg	0.021	13.000	0.273		
	油漆溶剂油	kg	0.008	3.500	0.028		
	熟桐油（光油）	kg	0.004	15.000	0.060		
	清油	kg	0.002	20.000	0.040		
	石膏粉	kg	0.005	0.800	0.004		
	其他材料费			—	0.04	—	
	材料费小计			—	0.05	—	

工程量清单综合单价分析表

表 3-1-18

工程名称：休息驿站　　　　　　　　标段：　　　　　　　　第 15 页　共 19 页

| 项目编码 | 011505001001 | 项目名称 | | 洗漱台 | | 计量单位 | | m² | 工程量 | | 2.22 |

清单综合单价组成明细

定额编号	定额名称	定额单位	数量	单价				合价			
				人工费	材料费	机械费	管理费和利润	人工费	材料费	机械费	管理费和利润
10-63	大理石洗漱台	m	0.833	55.27	174.07	7.32	99.40	46.06	145.06	6.10	82.83
人工单价		小　计						46.06	145.06	6.10	82.83
44.07 元/工日		未计价材料费						—			
清单项目综合单价								280.05			

主要材料名称、规格、型号	单位	数量	单价（元）	合价（元）	暂估单价（元）	暂估合价（元）
大理石板 0.25m² 以内	m²	0.408	155.870	63.621		
铁件	kg	8.646	3.100	26.802		
板方材	m³	0.003	1198.000	4.157		
胶合板 3mm	m²	0.515	20.000	10.306		
大芯板	m²	0.772	31.250	24.127		
调和漆	kg	0.006	9.500	0.056		
酚醛清漆	kg	0.120	11.100	1.329		
防锈漆	kg	0.066	12.540	0.827		
其他材料费			—	14.00	—	
材料费小计			—	145.23	—	

（材料费明细）

工程量清单综合单价分析表

表 3-1-19

工程名称：休息驿站　　　　　　　标段：　　　　　　　第 16 页　共 19 页

项目编码	011505010001	项目名称	镜面玻璃	计量单位	m²	工程量	4.44

清单综合单价组成明细

定额编号	定额名称	定额单位	数量	单价				合价			
				人工费	材料费	机械费	管理费和利润	人工费	材料费	机械费	管理费和利润
10-79	镜子	m²	1.000	4.24	92.09	2.89	41.67	4.24	92.09	2.89	41.67
人工单价			小　计					4.24	92.09	2.89	41.67
44.07 元/工日			未计价材料					—			
清单项目综合单价								140.89			

主要材料名称、规格、型号	单位	数量	单价（元）	合价（元）	暂估单价（元）	暂估合价（元）
胶合板 3mm	m²	1.070	20.000	21.400		
车边玻璃镜子	m²	1.140	60.000	68.400		
其他材料费			—	2.29	—	
材料费小计			—	92.09	—	

（材料费明细）

工程名称：休息驿站　　　　　　　　标段：

| 项目编码 | 011210001001 | 项目名称 | 隔断 | 计量单位 | m² | 工程量 | 52.08 |

清单综合单价组成明细

定额编号	定额名称	定额单位	数量	单价				合价			
				人工费	材料费	机械费	管理费和利润	人工费	材料费	机械费	管理费和利润
10-11	预制磨石板厕所隔断	间	0.230	52.81	187.70	7.13	104.01	12.17	43.25	1.64	23.97
人工单价		小　计						12.17	43.25	1.64	23.97
44.07 元/工日		未计价材料						—			
清单项目综合单价								81.03			

	主要材料名称、规格、型号	单位	数量	单价(元)	合价(元)	暂估单价(元)	暂估合价(元)
材料费明细	青水泥磨石隔断板	m²	0.725	40.000	29.000		
	厕浴塑料隔断门	m²	0.205	50.000	10.250		
	铁件	kg	0.345	3.100	1.070		
	醇酸无光调和漆	kg	0.021	9.500	0.200		
	水泥	kg	0.502	0.366	0.184		
	砂子	kg	1.938	0.036	0.070		
	熟桐油	kg	0.012	9.000	0.108		
	石膏粉	kg	0.012	0.350	0.004		
	清油	kg	0.012	13.300	0.160		
	调和漆	kg	0.014	9.500	0.133		
	油漆溶剂油	kg	0.014	2.400	0.034		
	其他材料费			—	1.93	—	
	材料费小计			—	43.11	—	

工程名称：休息驿站　　　　　　　　标段：

| 项目编码 | 011505010001 | 项目名称 | 镜面玻璃 | 计量单位 | m² | 工程量 | 4.44 |

清单综合单价组成明细

定额编号	定额名称	定额单位	数量	单价				合价			
				人工费	材料费	机械费	管理费和利润	人工费	材料费	机械费	管理费和利润
10-79	镜子	m²	1.000	4.24	92.09	2.89	41.67	4.24	92.09	2.89	41.67
人工单价		小　计						4.24	92.09	2.89	41.67
44.07 元/工日		未计价材料						—			
清单项目综合单价								140.89			

材料费明细	主要材料名称、规格、型号	单位	数量	单价（元）	合价（元）	暂估单价（元）	暂估合价（元）
	胶合板 3mm	m²	1.070	20.000	21.400		
	车边玻璃镜子	m²	1.140	60.000	68.400		
	其他材料费		—		2.29	—	
	材料费小计		—		92.09	—	

工程量清单综合单价分析表

表 3-1-22

工程名称：休息驿站　　　　　　　　　标段：　　　　　　　　　第 19 页　共 19 页

项目编码	011205002001	项目名称	柱面镶贴块料	计量单位	m²	工程量	74.88

清单综合单价组成明细

定额编号	定额名称	定额单位	数量	单价				合价			
				人工费	材料费	机械费	管理费和利润	人工费	材料费	机械费	管理费和利润
5-15	独立柱贴金属面砖	m²	0.545	22.74	50.97	2.46	31.99	12.39	27.77	1.34	17.43
5-58	独立柱干挂大理石	m²	0.455	35.90	279.49	18.71	140.32	16.34	127.22	8.52	63.87
人工单价			小　计					28.73	154.99	9.86	81.30
28.43 元/工日			未计价材料					—			
清单项目综合单价								274.88			

材料费明细	主要材料名称、规格、型号	单位	数量	单价（元）	合价（元）	暂估单价（元）	暂估合价（元）
	金属釉面砖	m²	0.567	43.200	24.486		
	水泥	kg	3.777	0.366	1.382		
	白水泥	kg	0.087	0.550	0.048		
	砂子	kg	11.717	0.036	0.422		
	白灰	kg	0.683	0.097	0.066		
	乳液型建筑胶黏剂	kg	0.024	1.600	0.038		
	大理石板	m²	0.466	173.000	80.618		
	角钢 63 以外	m³	12.053	2.420	27.110		
	不锈钢板托 4mm	套	11.256	1.100	12.382		
	不锈钢销钉 4mm	m	3.109	0.400	1.244		
	10mm 以内钢筋	m	0.191	0.400	0.076		
	膨胀螺栓 5mm	m	6.219	0.400	2.488		
	防锈漆	m	0.046	0.400	0.018		
	玻璃胶	m	0.180	0.400	0.072		
	硬蜡	m	0.012	0.400	0.005		
	清油	m	0.002	0.400	0.001		
	其他材料费		—		4.97		
	材料费小计		—		154.99		

三、投标总价(表 3-1-23～表 3-1-27)

投 标 总 价

招标人：_____休息驿站_____工程

工程名称：_____休息驿站装饰工程_____

投标总价(小写)：_____1416804.5_____

（大写）：_____壹佰肆拾壹万陆仟捌佰零肆圆零伍角_____

投标人：_____巨力建筑装饰公司_____
（单位盖章）

法定代表人：_____公司名称_____

或其授权人：_____法定代表人_____
（签字或盖章）

编制人：_____×××签字盖造价工程师或造价员专用章_____
（造价人员签字盖专用章）

时间：××××年××月××日

总　说　明

工程名称：休息驿站建筑装饰工程

1. 工程概况

本工程为休息驿站建筑装饰工程，该建筑为二层框架结构。总宽度为 16.9m，总长度为 22.9m。本工程室内地坪标高±0.000m，室内外高差 0.15m，土壤类别为二类土，墙体均为 200 厚砖墙，自卸汽车运土，运距 2.5m，反铲挖掘机装土。混凝土强度等级：垫层采用 C15，现浇屋面板。该厂房屋顶设女儿墙，高度为 900mm，采用无组织排水，该工程采用加浆勾缝。混凝土为现场搅拌，该建筑物的抗震设防烈度为七度，耐火等级为二级

2. 投标控制价包括范围

为本次招标的厂房施工图范围内的装饰装修工程。

3. 投标控制价编制依据

（1）招标文件及其所提供的工程量清单和有关计价的要求，招标文件的补充通知和答疑纪要。

（2）该建筑施工图及投标施工组织设计。

（3）有关的技术标准，规范和安全管理规定。

（4）省建设主管部门颁发的计价定额和计价管理办法及有关计价文件。

（5）材料价格采用工程所在地工程造价管理机构年月工程造价信息发布的价格信息，对于造价信息没有发布的材料，其价格参照市场价。

工程项目投标报价汇总表　　　　表 3-1-23

工程名称：休息驿站装饰工程　　　　标段　　　　第　页　共　页

序号	单项工程名称	金额（元）	其中（元）		
			暂估价	安全文明施工费	规　费
1	装饰工程	358610.40	10000	909.94	
	合　计	1416804.5	10000	909.94	

单位工程投标报价汇总表　　　　表 3-1-24

工程名称：休息驿站装饰工程　　　　标段　　　　第　页　共　页

序号	汇总内容	金额（元）	其中暂估价（元）
1	分部分项工程	1151106.09	92912
1.1	装饰工程	1151106.09	92912
1.2			
1.3			
1.4			
2	措施项目	5035.03	
3	其他项目	248411.71	
3.1	暂列金额	11511.06	
3.2	专业工程暂估价	10000	
3.3	计日工	22299	
3.4	总承包服务费	400	
4	规费	6675.35	
5	税金	5576.31	
	招标控制价合计=1+2+3+4+5	1416804.5	

注：这里的分部分项工程中存在暂估价。

总价措施项目清单与计价表

								表 3-1-25

工程名称：休息驿站建筑工程　　　　　　标段　　　　　　第　页　共　页

序号	项目编码	项目名称	计算基础	费率（%）	金额（元）	调整费率（%）	调整后金额（元）	备注
1		环境保护费	人工费＋机械费（60662.98）	0.1	60.66298			
2		文明施工费	人工费＋机械费（60662.98）	1.0	606.6298			
3		安全施工费	人工费＋机械费（60662.98）	0.5	303.3149			
4		临时设施费	人工费＋机械费（60662.98）	4.5	2729.8341			
5		夜间施工增加费	人工费＋机械费（60662.98）	0.1	60.66298			
6		缩短工期增加费	人工费＋机械费（60662.98）	1.0	606.6298			
7		二次搬运费	人工费＋机械费（60662.98）	1.0	606.6298			
8		已完工程及设备保护费	人工费＋机械费（60662.98）	0.1	60.66298			
		合计			5035.03			

注：该表费率参考《浙江省建设工程施工取费定额》（2003），专业工程施工组织措施费费率乘以系数 0.6。

其他项目清单与计价汇总表

				表 3-1-26

工程名称：休息驿站装饰工程　　　　　　标段　　　　　　第　页　共　页

序号	项目名称	金额（元）	结算金额（元）	备注
1	暂列金额	项	11511.06	一般按分部分项工程的 10%
2	暂估价		92912	
2.1	材料（工程设备）暂估价/结算价		82912	
2.2	专业工程暂估价	项	10000	按有关规定估算
3	计日工		22299	明细详见表 1-61
4	总承包服务费		28777.65	按分部分项工程的 2.5%
	合计		248411.71	

注：第 1、4 项备注参考《工程量清单计价规范》，材料暂估单价进入清单项目综合单价此处不汇总。

计日工表

				表 3-1-27

工程名称：休息驿站装饰工程　　　　　　标段　　　　　　第　页　共　页

编号	项目名称	单位	暂定数量	实际数量	综合单价	合价
一	人工					
1	普工	工日	200	60	12000	
2	技工（综合）	工日	50	100	5000	
3						
4						
	人工小计				17000	

编号	项目名称	单位	暂定数量	实际数量	综合单价	合价
二	材料					
1	水泥	t	3	571	1713	
2	中砂	m³	10	83	830	
	材料小计				2543	
三						
1	灰浆搅拌机	台班	5	18.38	92	
2	自升式塔式起重机	台班	5	526.20	2664	
	施工机械小计				2756	
	总计				22299	

注：此表项目，名称由招标人填写，编制招标控制价时，单价由招标人按有关计价规定确定；投标时，单价由投标人自主报价，计入投标总价中。

规费、税金项目计价表见表 3-1-28。

规费、税金项目计价表　　　　　　　　　　表 3-1-28

工程名称：　　　　　　　　　标段　　　　　　　　　第　页　共　页

序号	项目名称	计算基础	计算基数	计算费率（%）	金额（元）
一	规费	直接费（152058.1）	4.39		6675.35
1.1	工程排污费	—	—	—	
1.2	工程定额测定费	—	—	—	
1.3	工伤保险费	—	—	—	
1.4	养老保险费	—	—	—	
1.5	失业保险费	—	—	—	
1.6	医疗保险费	—	—	—	
1.7	住房公积金	—	—	—	
1.8	危险作业意外伤害保险费	—	—	—	
二	税金	直接费＋规费（158733.45）	3.513		5576.31
2.1	税费	直接费＋规费（158733.45）	3.413		5417.57
2.2	水利建设基金	直接费＋规费（158733.45）	0.1		158.73
	合　计				17828

注：该表费率参考《浙江省建设工程施工取费定额》（2003）。

第二节　某学校收发室工程量清单计价实例

一、工程概况

本工程为砖混结构的单层收发室，其中包括收发室、门卫室、邮局营业厅、邮局业务厅四个部分，详见如图 3-2-1～图 3-2-4 所示，墙厚 240mm。门采用全玻门、窗为铝合金推拉窗、门包括制作、安装、刷调和漆两遍，具体尺寸见门窗表 3-2-1。基础做法：M5水泥砂浆砖基础，M5 混合砂浆砌墙体。外墙清水，内墙浑水，土壤为Ⅱ类土、放坡起点深度 0.97m，放坡系数 1：0.5，C20 混凝土拌制，砖砌体钢筋加固。室外台阶做法：150mm×300mm，底层铺 100mm 三七灰土垫层，垫层上做 50mm 厚 C10 混凝土垫层，抹水泥砂浆面层。

门窗表　　　　　　　　　　　表 3-2-1

类型	设计编号	洞口尺寸（mm）	数量	图集名称	备注
门	M1	900×2100	3	中南建筑配件图集	全玻单扇门
	M2	1800×2100	1	中南建筑配件图集	全玻双扇门
窗	C1	1800×1500	5	中南建筑配件图集	铝合金推拉窗
	C2	900×600	3	中南建筑配件图集	铝合金推拉窗

【解】（1）清单工程量

1）门窗油漆

① 玻璃门工程量

M-1：3 扇　　　M-2：1 扇

$S = （0.9×2.1×3＋1.8×2.1）m^2 = 9.45m^2$

【注释】0.9——M-1 的宽度；

　　　　2.1——M-1 的高度；

　　　　3——M-1 的个数；

　　　　1.8——M-2 的宽度；

　　　　2.1——M-2 的高度。

② 成品铝合金推拉窗工程量不计算油漆。

2）硬木窗台板

$L = 1.8×5m = 9m$

$S = 9×0.3 = 2.7m^2$

【注释】1.8——对应于 C-1 的窗台长度；

　　　　5——对应于 C-1 的窗台个数。

3）整体地面

$S = S_{房心回填} = 74.35m^2$

4）外墙勒脚

$L = [（12.6＋0.24）×2＋（8.7＋0.24）×2－0.9－1.8] m = 40.86m$

【注释】12.6——①轴与⑤轴之间的距离；

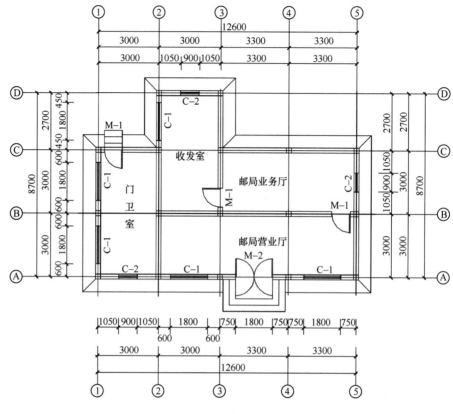

图 3-2-1 首层平面图

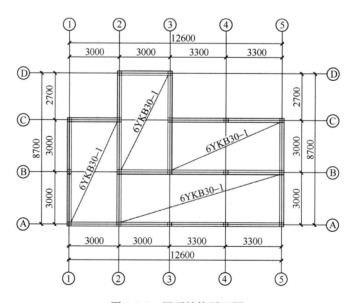

图 3-2-2 屋顶结构平面图

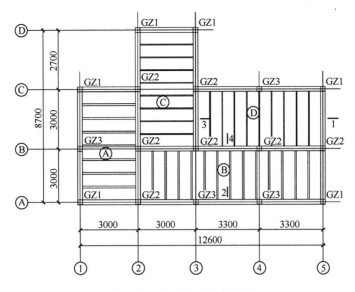

图 3-2-3 屋面板平面布置图

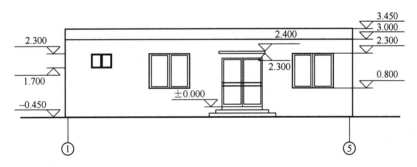

图 3-2-4 ①-⑤立面图

0.24——墙厚；

2——上下两面墙；

8.7——Ⓐ轴与Ⓓ轴之间的距离；

第二个 2——左右两面墙；

0.9——M-1 的宽度；

1.8——M-2 的宽度。

$S = LH = 40.86 \times 1.25\text{m}^2 = 51.08\text{m}^2$

【注释】40.86——外墙勒脚净长度；

1.25——外墙勒脚高度。

5）室内贴面砖

内墙裙净长：

$L = [(6-0.24) \times 2 + (3-0.24) \times 2 + (5.7-0.24) \times 2 + (3-0.24) \times 2 + (9.6-0.24)$
$\times 2 + (3-0.24) \times 2 + (6.6-0.24) \times 2 + (3-0.24) \times 2 - 0.9 \times 5 - 1.8 \times 6]\text{m}$
$= 60.66\text{m}$

189

【注释】6——Ⓐ轴与Ⓒ轴之间的距离；

0.24——墙厚；

3——①轴与②轴之间的距离；

5.7——Ⓑ轴与Ⓓ轴之间的距离；

第二个3——②轴与③轴之间的距离；

9.6——②轴与⑤轴之间的距离；

第三个3——Ⓐ轴与Ⓑ轴之间的距离；

6.6——③轴与⑤轴之间的距离；

第四个3——Ⓑ轴与Ⓒ轴之间的距离。

$S = LH = 60.66 \times 0.8 \text{m}^2 = 48.53 \text{m}^2$

【注释】0.8——内墙裙高度。

6）干粘石外墙

$L = (12.6 + 0.24) \times 2 + (8.7 + 0.24) \times 2 = 43.56 \text{m}$

$S = [43.56 \times (3.90 - 1.25) - (1.5 \times 1.8 \times 5 + 0.6 \times 0.9 \times 3 + 0.9 \times 2.1$

$+ 1.8 \times 2.1)] \text{m}^2$

$= 94.64 \text{m}^2$

【注释】43.56——外墙线长度；

3.90——室外地面到女儿墙顶的高度；

1.25——外墙勒脚的高度；

1.5——C-1 高度；

1.8——C-1 宽度；

0.6——C-2 高度；

0.9——C-2 宽度；

2.1——M-2 高度；

1.8——M-2 宽度；

2.1——M-1 高度；

0.9——M-1 宽度。

7）白灰砂浆抹内墙

$S = [(6 - 0.24) \times 2 + (3 - 0.24) \times 2 + (5.7 - 0.24) \times 2 + (3 - 0.24) \times 2 + (9.6 - 0.24)$

$\times 2 + (3 - 0.24) \times 2 + (6.6 - 0.24) \times 2 + (3 - 0.24) \times 2] \times (3 - 0.15 - 0.8)$

$- (0.9 \times 2.1 \times 5 + 1.8 \times 2.1) - (1.5 \times 1.8 \times 5 + 0.6 \times 0.9 \times 3) \text{m}^2$

$= 127.37 \text{m}^2$

【注释】6——Ⓐ轴与Ⓒ轴之间的距离；

0.24——墙厚；

3——①轴与②轴之间的距离；

5.7——Ⓑ轴与Ⓓ轴之间的距离；

第二个3——②轴与③轴之间的距离；

9.6——②轴与⑤轴之间的距离；

第三个3——Ⓐ轴与Ⓑ轴之间的距离；

6.6——③轴与⑤轴之间的距离；

第四个3——Ⓑ轴与Ⓒ轴之间的距离；

第五个3——层高；

0.15——板厚；

0.80——内墙裙高度；

0.9——M-1宽度；

2.1——M-1高度；

5——M-1个数；

2.1——M-2高度；

1.8——M-2宽度。

1.5——C-1高度；

1.8——C-1宽度；

0.6——C-2高度；

0.9——C-2宽度。

8）天棚吊顶

$S = 74.35\text{m}^2$

9）台阶装饰

$S = [0.9 \times 0.3 \times 3 + (0.9 + 0.6) \times (1.8 + 1.2) - (0.9 - 0.3) \times (1.8 - 0.6)]\text{m}^2$

$= 4.59\text{m}^2$

【注释】0.9——M-1的宽度；

0.3——台阶的宽度；

3——台阶的级数；

0.9——平台的宽度；

0.6——两级台阶的宽度；

1.8——M-2的宽度；

1.2——四级台阶的宽度；

第二个0.3——最上层踏步边沿加300mm。

清单工程量计算表见表3-2-2。

清单工程量计算表   表3-2-2

序号	项目编码	项目名称	项目特征描述	计量单位	工程量
1	011101001001	水泥砂浆楼地面	20mm三七灰土垫层；15mm C10混凝土垫层，1：2.5水泥砂浆面层，8mm厚水泥砂浆找平	m²	74.35
2	011107001001	石材台阶面	预制水磨石面层，铜条防滑条	m²	4.59
3	011201002001	墙面装饰抹灰	内墙水泥砂浆找平，纸筋白灰砂浆面层	m²	127.37

序号	项目编码	项目名称	项目特征描述	计量单位	工程量
4	011204001001	石材墙面	砖墙底层抹灰，外墙 8mm 厚 1：1.5水泥砂浆贴 1.25m 高水刷石勒脚	m²	51.08
5	011204001002	石材墙面	清水泥干粘石外墙，高 2.65m，外墙勾缝	m²	94.64
6	011204003001	块料面层	内墙裙砖墙勾缝，高 0.8m，贴釉面砖	m²	48.53
7	011302001001	吊顶天棚	石灰砂浆抹面，预制板水泥砂浆勾缝，高 3m	m²	74.35
8	011405001001	金属面油漆	1800mm×2100mm，带纱刷调和漆两遍	m²	3.78
9	011405001002	金属面油漆	900mm×2100mm，带纱刷调和漆两遍	m²	5.67
10	011404002001	窗台板油漆	刷调和漆两遍，刷底油，磁漆一遍	m²	2.7

（2）定额工程量

《江苏省建筑与装饰工程计价表》（2004）。

人工工日：

其中一类工：28 元／工日；

二类工：26 元／工日；

三类工：24 元／工日；

1）门油漆工程量

玻璃门工程量

M-1：3 扇　　M-2：1 扇

$S=(0.9×2.1×3+1.8×2.1)m^2=9.45m^2$

成品铝合金推拉窗工程量不算油漆。

2）硬木窗台板

$L=1.8×5m=9m$

$S=9×0.3=2.7m^2$

3）整体水泥砂浆地面（定额工程量同清单工程量）

① 水泥砂浆地面：$S=74.35m^2$

② 地面三七灰土垫层 20mm 厚：$V=74.35×0.02m^3=1.49m^3$

③ C10 混凝土垫层 15mm 厚：$V=74.35×0.015m^3=1.12m^3$

④ 1：3 水泥砂浆找平：$S=74.35m^2$

4）外墙勒脚（定额工程量同清单工程量）

① 外墙水刷石面层勒脚：$S=51.08m^2$

② 砖墙底层抹灰：（定额工程量同清单工程量）$S=51.08m^2$

5）室内墙裙（定额工程量同清单工程量）

① 表面抹底灰：$S=48.53m^2$

② 贴釉面砖：（定额工程量同清单工程量）$S=48.53m^2$

6）干粘石外墙装饰（定额工程量同清单工程量）

① 干粘石工程量：$S=94.64m^2$

② 底层抹灰：$S=94.64m^2$

7）内墙纸筋石灰砂浆（定额工程量同清单工程量）

$S=127.37m^2$

8）散水 0.6m 宽（定额工程量同清单工程量）

$S=24.30m^2$

9）现浇混凝土台阶（定额工程量同清单工程量）

$V=1.59m^3$

10）台阶装饰（定额工程量同清单工程量）

水磨石台阶面层：$S=4.59m^2$

施工图预算表和清单计价表见表 3-2-3、表 3-2-4。

某收发室工程施工图预算表　　　　　　　表 3-2-3

序号	定额编号	分项工程名称	计量单位	工程量	基价（元）	人工费	材料费	机械费	合计（元）
						其中（元）			
1	16-17	窗台板刷调和漆	$10m^2$	0.27	80.80	45.08	35.72	—	21.82
2	12-1	三七灰土垫层	m^3	1.49	79.56	20.02	58.57	0.97	118.54
3	12-11	C10 混凝土垫层	m^3	1.12	198.39	35.36	158.69	4.34	222.20
4	12-15	1:3 水泥砂浆找平层	$10m^3$	7.44	56.04	18.20	35.78	2.06	416.94
5	13-54	外墙水刷石勒脚	$10m^2$	5.11	163.76	99.06	63.31	1.39	836.81
6	13-109	室内墙裙贴釉面砖	$10m^2$	4.85	359.57	164.64	190.79	4.14	1743.91
7	13-60	外墙干粘石	$10m^2$	9.46	135.81	81.38	52.37	2.06	1284.76
8	13-1	内墙纸筋石灰砂浆	$10m^2$	12.74	58.55	35.88	20.77	1.90	745.93
9	12-37	水磨石台阶面层	$10m^2$	0.46	571.42	395.72	170.76	4.94	262.85
10	14-7	装配式 U 型（不上人型）轻钢龙骨	$10m^2$	7.435	361.35	56.00	301.95	3.40	2686.64
11	16-259	金属面调和漆	$10m^2$	0.945	49.91	29.96	19.95		47.14
合　计									8387.54

工程名称：某收发室工程　　　　　　　　标段：　　　　　　　　　　第　页　共　页

序号	项目编码	项目名称	项目特征描述	计量单位	工程量	金额（元）		其中：暂估价
						综合单价	合价	
1	011101001001	水泥砂浆楼地面	20mm 三七灰土垫层；15mmC10 混凝土垫层，1：2.5 水泥砂浆面层，8mm厚水泥砂浆找平	m²	74.35	11.3	840.16	
2	011107001001	石材台阶面	预制水磨石面层，铜条防滑条	m²	4.59	71.97	330.34	
3	011201002001	墙面装饰抹灰	内墙水泥砂浆找平，纸筋白灰砂浆面层	m²	127.37	7.25	923.43	
4	011204001001	石材墙面	砖墙底层抹灰，外墙8mm 厚 1：1.5 水泥砂浆贴 1.25m 高水刷石勒脚	m²	51.08	20.10	1026.71	
5	011204001002	石材墙面	清水泥干粘石外墙，高2.65m，外墙勾缝	m²	94.64	16.67	1577.65	
6	011204003001	块料面层	内墙裙砖墙勾缝，高0.8m，贴釉面砖	m²	48.53	42.20	2047.97	
7	011302001001	吊顶天棚	石灰砂浆抹面，预制板水泥砂浆勾缝，高 3m	m²	74.35	38.33	2849.84	
8	011405001001	金属面油漆	1800mm × 2100mm，带纱刷调和漆两遍	m²	3.78	6.1	23.06	
9	011405001002	金属面油漆	900mm×2100mm，带纱刷调和漆两遍	m²	5.67	6.1	34.59	
10	011404002001	窗台板油漆	刷调和漆两遍，刷底油，磁漆一遍	m²	2.7	9.75	26.33	
			本页小计					
			合　　计				9680.06	

二、工程量清单综合单价分析（表 3-2-5～表 3-2-14）

工程量清单综合单价分析表　　　　表 3-2-5

工程名称：某收发室工程　　　　　　　标段：　　　　　　　　第 1 页　共　页

项目编码	011101001001	项目名称	水泥砂浆楼地面	计量单位	m²	工程量	74.35

清单综合单价组成明细

定额编号	定额名称	定额单位	数量	单价				合价			
				人工费	材料费	机械费	管理费和利润	人工费	材料费	机械费	管理费和利润
12-1	三七灰土垫层	m³	0.02	20.02	58.57	0.97	7.77	0.4	1.17	0.02	0.16

定额编号	定额名称	定额单位	数量	单价				合价			
				人工费	材料费	机械费	管理费和利润	人工费	材料费	机械费	管理费和利润
12-11	C10混凝土垫层	m³	0.015	35.36	158.69	4.34	14.79	0.53	2.38	0.07	0.22
12-15	1:3水泥砂浆找平层	10m²	0.1	18.20	35.78	2.06	7.50	1.82	3.57	0.21	0.75
人工单价		小　计						2.75	7.12	0.3	1.13
26元/工日		未计价材料						—			
清单项目综合单价								11.3			

材料费明细	主要材料名称、规格、型号	单位	数量	单价(元)	合价(元)	暂估单价(元)	暂估合价(元)
	水泥砂浆1:3	m³	0.02	176.30	3.53		
	水	m³	0.004	2.80	0.01		
	灰土3:7	m³	0.02	57.44	1.15		
	现浇C10混凝土	m³	0.015	155.26	2.33		
	其他材料费			—	0.1	—	
	材料费小计			—	7.12	—	

工程量清单综合单价分析表　　　表3-2-6

工程名称：某收发室工程　　　　　标段：　　　　　第2页　共　页

项目编码	011107001001	项目名称	石材台阶面	计量单位	m²	工程量	4.59

清单综合单价组成明细

定额编号	定额名称	定额单位	数量	单价				合价			
				人工费	材料费	机械费	管理费和利润	人工费	材料费	机械费	管理费和利润
13-1	内墙纸筋石灰砂浆	10m²	0.10	35.88	20.77	1.90	13.98	3.59	2.08	0.19	1.39
人工单价		小　计									
26元/工日		未计价材料						—			
清单项目综合单价								7.25			

主要材料名称、规格、型号	单位	数量	单价(元)	合价(元)	暂估单价(元)	暂估合价(元)
水泥白石子浆 1：2	m³	0.026	345.64	8.88		
水泥砂浆 1：3	m³	0.022	176.30	3.95		
金刚石 200×75×50mm	块	0.18	13.02	2.34		
草酸	kg	0.015	4.75	0.07		
硬白蜡	kg	0.039	3.33	0.13		
煤油	kg	0.06	4.00	0.24		
棉纱头	kg	0.016	6.00	0.10		
油漆溶剂油	kg	0.008	3.33	0.03		
清油	kg	0.008	10.64	0.08		
草袋子 1×0.7m	m²	0.36	1.43	0.51		
素水泥浆	m³	0.001	426.22	0.51		
水	m³	0.083	2.80	0.23		
其他材料费			—	—	—	
材料费小计			—	17.08	—	

(材料费明细)

工程量清单综合单价分析表

表 3-2-7

工程名称：某收发室工程　　　　标段：　　　　　第 3 页 共 页

项目编码	011201002001	项目名称	墙面装饰抹灰	计量单位	m²	工程量	127.37

清单综合单价组成明细

定额编号	定额名称	定额单位	数量	单价				合价			
				人工费	材料费	机械费	管理费和利润	人工费	材料费	机械费	管理费和利润
13-1	内墙纸筋石灰砂浆	10m²	0.10	35.88	20.77	1.90	13.98	3.59	2.08	0.19	1.39
人工单价		小　计						3.59	2.08	0.19	1.39
26 元/工日		未计价材料						—			
清单项目综合单价								7.25			

主要材料名称、规格、型号	单位	数量	单价(元)	合价(元)	暂估单价(元)	暂估合价(元)
石灰砂浆 1：3	m³	0.016	101.74	1.66		
水泥砂浆 1：2.5	m³	0.0003	199.26	0.06		
纸筋石灰浆	m³	0.0025	134.78	0.34		
水	m³	0.0077	2.80	0.02		
其他材料费			—		—	
材料费小计			—	2.08	—	

(材料费明细)

工程量清单综合单价分析表

表 3-2-8

工程名称：某收发室工程　　　　标段：　　　　　　第 4 页 共 页

| 项目编码 | 011204001001 | 项目名称 | 石材墙面 | 计量单位 | m² | 工程量 | 51.08 |

清单综合单价组成明细

定额编号	定额名称	定额单位	数量	单价 人工费	单价 材料费	单价 机械费	单价 管理费和利润	合价 人工费	合价 材料费	合价 机械费	合价 管理费和利润
13-54	外墙水刷石勒脚	10m²	0.10	99.06	63.31	1.39	37.16	9.91	6.33	0.14	3.72
人工单价			小　计					3.59	2.08	0.19	1.39
26 元/工日			未计价材料					—			
清单项目综合单价								20.10			

	主要材料名称、规格、型号	单位	数量	单价（元）	合价（元）	暂估单价（元）	暂估合价（元）
材料费明细	水泥白石子 1∶2	m³	0.01	345.64	3.53		
	水泥砂浆 1∶3	m³	0.013	176.30	2.27		
	801 胶素水泥浆	m³	0.0004	468.22	0.19		
	普通成材	m³	0.0002	1599.00	0.32		
	水	m³	0.0087	2.80	0.02		
	其他材料费			—		—	
	材料费小计			—	6.33	—	

工程量清单综合单价分析表

表 3-2-9

工程名称：某收发室工程　　　　标段：　　　　　　第 5 页 共 页

| 项目编码 | 011204001002 | 项目名称 | 石材墙面 | 计量单位 | m² | 工程量 | 96.64 |

清单综合单价组成明细

定额编号	定额名称	定额单位	数量	单价 人工费	单价 材料费	单价 机械费	单价 管理费和利润	合价 人工费	合价 材料费	合价 机械费	合价 管理费和利润
13-60	外墙干粘石	10m²	0.10	81.38	52.37	2.06	30.87	8.14	5.24	0.20	3.09
人工单价			小　计					8.14	5.24	0.20	3.09
26 元/工日			未计价材料					—			
清单项目综合单价								16.67			

	主要材料名称、规格、型号	单位	数量	单价（元）	合价（元）	暂估单价（元）	暂估合价（元）
材料费明细	水泥砂浆 1∶3	m³	0.02	176.30	3.37		
	801 胶素水泥浆	m³	0.001	468.22	0.47		
	白石子	t	0.01	106.00	1.06		
	普通成材	m³	0.0002	1599.00	0.32		
	水	m³	0.008	2.80	0.02		
	其他材料费			—	—	—	
	材料费小计			—	5.24	—	

工程名称：某收发室工程　　　　　　　　　标段：　　　　　　　　

项目编码	011204003001	项目名称	块料面层	计量单位	m²	工程量	48.53

清单综合单价组成明细

定额编号	定额名称	定额单位	数量	单价				合价			
				人工费	材料费	机械费	管理费和利润	人工费	材料费	机械费	管理费和利润
13-109	室内墙裙贴釉面砖	10m²	0.10	164.64	190.79	4.14	62.45	16.46	19.08	0.41	6.25
人工单价		小　计						16.46	19.08	0.41	6.25
26元/工日		未计价材料						—			
清单项目综合单价								42.20			

材料费明细	主要材料名称、规格、型号	单位	数量	单价（元）	合价（元）	暂估单价（元）	暂估合价（元）
	瓷砖 152×152mm	百块	0.45	34.00	15.23		
	混合砂浆 1：0.1：2.5	m³	0.006	194.24	1.19		
	水泥砂浆 1：3	m³	0.014	176.30	2.40		
	白水泥	kg	0.15	0.58	0.87		
	801胶素水泥浆	m³	0.0002	468.22	0.09		
	棉纱头	kg	0.01	6.00	0.06		
	水	m³	0.008	2.80	0.02		
	其他材料费			—		—	
	材料费小计			—	19.08	—	

工程名称：某收发室工程　　　　　　　　　标段：　　　　　　　　

项目编码	011302001001	项目名称	吊顶天棚	计量单位	m²	工程量	74.35

清单综合单价组成明细

定额编号	定额名称	定额单位	数量	单价				合价			
				人工费	材料费	机械费	管理费和利润	人工费	材料费	机械费	管理费和利润
14-7	装配式U型（不上人型）轻钢龙骨	10m²	0.10	56.00	301.95	3.40	21.98	5.60	31.20	0.34	2.19
人工单价		小　计						5.60	31.20	0.34	2.19
28元/工日		未计价材料						—			
清单项目综合单价								38.33			

材料费明细	主要材料名称、规格、型号	单位	数量	单价（元）	合价（元）	暂估单价（元）	暂估合价（元）
	大龙骨（轻钢）	m	1.39	4.00	5.54		
	中龙骨（轻钢）	m	3.01	2.20	6.61		
	中龙骨横撑	m	3.99	2.79	8.36		
	主接件	只	0.50	0.56	0.28		
	次接件	只	1.10	0.69	0.76		
	大龙骨垂直吊件（轻钢）	只	1.70	0.40	0.68		
	中龙骨垂直吊件	只	3.70	0.38	1.40		
	中龙骨平面连接件	只	13.50	0.45	6.08		
	其他材料费			—	0.48	—	
	材料费小计			—	31.20	—	

工程量清单综合单价分析表

表 3-2-12

工程名称：某收发室工程　　　　　　标段：　　　　　　第 8 页　共　页

项目编码	011405001001	项目名称	金属面油漆	计量单位	m²	工程量	3.78

清单综合单价组成明细

定额编号	定额名称	定额单位	数量	单价				合价			
				人工费	材料费	机械费	管理费和利润	人工费	材料费	机械费	管理费和利润
16-259	铝合金单扇全玻门 M-1 调和漆	10m²	0.10	29.96	19.95		11.09	2.996	1.995		1.109
人工单价		小　计						2.996	1.995		1.109
28元/工日		未计价材料						—			
清单项目综合单价								6.1			

材料费明细	主要材料名称、规格、型号	单位	数量	单价（元）	合价（元）	暂估单价（元）	暂估合价（元）
	调和漆	kg	0.225	8	1.8		
	油漆溶剂油	kg	0.024	3.33	0.08		
	砂纸	张	0.11	1.02	0.1122		
	白布	m²	0.001	3.42	0.003		
	其他材料费			—		—	
	材料费小计			—	1.995	—	

工程量清单综合单价分析表　　表 3-2-13

工程名称：某收发室工程　　　　　　标段：　　　　　　第 9 页　共　页

项目编码	011405001002	项目名称	金属面油漆	计量单位	m²	工程量	5.67

清单综合单价组成明细

定额编号	定额名称	定额单位	数量	单价				合价			
				人工费	材料费	机械费	管理费和利润	人工费	材料费	机械费	管理费和利润
16-259	铝合金双扇全玻门 M-2 调和漆	10m²	0.10	29.96	19.95		11.09	2.996	1.995	1.109	
人工单价		小　计						2.996	1.995		1.109
28 元/工日		未计价材料						—			
清单项目综合单价								6.1			

	主要材料名称、规格、型号	单位	数量	单价（元）	合价（元）	暂估单价（元）	暂估合价（元）
材料费明细	调和漆	kg	0.225	8	1.8		
	油漆溶剂油	kg	0.024	3.33	0.08		
	砂纸	张	0.11	1.02	0.1122		
	白布	m²	0.001	3.42	0.003		
	其他材料费			—		—	
	材料费小计			—	1.995	—	

工程量清单综合单价分析表　　表 3-2-14

工程名称：某收发室工程　　　　　　标段：　　　　　　第 10 页　共　页

项目编码	011404002001	项目名称	硬木窗台板油漆	计量单位	m²	工程量	2.7

清单综合单价组成明细

定额编号	定额名称	定额单位	数量	单价				合价			
				人工费	材料费	机械费	管理费和利润	人工费	材料费	机械费	管理费和利润
16-17	窗台板调和漆	10m²	0.10	45.08	35.72	—	16.68	4.51	3.57		1.67
人工单价		小　计						2.996	1.995		1.109
28 元/工日		未计价材料						—			
清单项目综合单价								9.75			

	主要材料名称、规格、型号	单位	数量	单价（元）	合价（元）	暂估单价（元）	暂估合价（元）
材料费明细	酚醛无光调和漆	kg	0.23	6.65	1.52		
	醇酸磁漆	kg	0.10	16.22	1.57		
	油漆溶剂油	kg	0.05	3.33	0.17		
	清油	kg	0.008	10.64	0.09		
	醇酸漆稀释剂 X6	kg	0.006	6.94	0.04		
	石膏粉 325 目	kg	0.024	0.45	0.01		
	其他材料费			—	0.165	—	
	材料费小计			—	3.57	—	